# Erfolgreiche Führung

## Lead to goals

*Wie Sie eine authentische Führungskraft werden, Mitarbeiter führen & gemeinsam alle Ziele erreichen*

Gregor Kraft

Alle Ratschläge in diesem Buch wurden vom Autor und vom Verlag sorgfältig erwogen und geprüft. Eine Garantie kann dennoch nicht übernommen werden. Eine Haftung des Autors beziehungsweise des Verlags für jegliche Personen-, Sach- und Vermögensschäden ist daher ausgeschlossen.

Erfolgreiche Führung – Lead to goals – Wie Sie eine authentische Führungskraft werden, Mitarbeiter führen & gemeinsam alle Ziele erreichen



Covergestaltung: Wolkenart – Marie-Katharina Becker, www.wolkenart.com

ISBN 9798470560650

1. Auflage 2021

# Motto

**„Lead to goals!“**
Ihre primäre Aufgabe als Führungskraft ist es nicht, zu delegieren oder kontrollieren.

Sondern es liegt vor allem an Ihnen, jeden einzelnen Ihrer Mitarbeiter zu unterstützen und zu stärken, damit Sie als **Team gemeinsam** alle Ziele erreichen!“

**Gregor Kraft**

# Über dieses Buch

**Liebe Leserin, lieber Leser,**

ich habe mich dem Thema der Führung gewidmet, da es ein sehr spannendes Themenfeld ist, auf dem sich aktuell viel tut. Es ist wichtig, gut über verschiedene Stile und Methoden der Führung Bescheid zu wissen, um sie aus dem Stegreif anwenden zu können.

**Für wen ist dieser Ratgeber gedacht?**

Dieses Buch möchte Menschen, die eine Führungsposition anstreben, stärken und sie mit vielen Tipps, fachlichem Know-how und Methoden auf ihrem Weg in die Führungsetage begleiten. Gleichzeitig richtet sich dieser Ratgeber auch an Menschen, die bereits eine erfolgreiche Führungskraft sind und ihre Fähigkeiten ausbauen wollen.

**Ziel dieses Buches** ist, Ihnen kostbares und vor allem praktisches Wissen zu vermitteln, damit Sie selbstsicherer als Leader werden und für jede Situation eine Hand voll Techniken zur Verfügung haben.

Mit diesem Ratgeber haben Sie die **Chance**, mehr über das Thema zu erfahren und sich selbst weiterzuentwickeln. Ich hoffe, ich kann Sie mit meiner Begeisterung für das Motivieren und Lenken von Menschen anstecken und Ihnen aufzeigen, dass es bei der Führung nicht um erzwungene Autorität geht, sondern darum, Menschen zu begeistern und ihre Talente zu fördern.

In der modernen Arbeitswelt verschwimmen Hierarchien immer mehr, was natürlich nicht nur Vorteile, sondern auch Nachteile birgt. Ich persönlich sehe dies aber als eine positive Veränderung an, die Ihnen und Ihren Mitarbeitern verstärkt die Möglichkeit bietet, sich als ein

Team zu sehen und gemeinsam mit Freude und Ehrgeiz an Zielen zu arbeiten.

Teamarbeit ist vielleicht nicht immer einfach, macht aber schließlich Spaß!

Die Kunst der Führung fordert einem Leader ein hohes Maß an Engagement, Disziplin und Geschick im Umgang mit anderen ab. Delegieren kann jeder. Was eine erfolgreiche Führungskraft ausmacht, ist die Vorbildfunktion, die sie erfüllt, wodurch sie automatisch von ihren Mitarbeitern respektiert wird. Ein weiterer Hauptfaktor ist die soziale Intelligenz. Menschen richtig einschätzen und motivieren zu können, ist ein extrem wichtiger Punkt.

**Kleine Anmerkung:**

Die Nennung nur eines Geschlechts an manchen Stellen erfüllt den Zweck der besseren Lesbarkeit des Textes. Selbstverständlich schließe ich alle Geschlechter jederzeit mit ein. Diesbezüglich bitte ich um Ihr Verständnis.

**Und nun viel Freude beim Eintauchen in die spannende Welt zeitgerechter und leidenschaftlicher Führung!**

# INHALT

# Vorwort

Seit jeher werden an Führungskräfte von allen Seiten sehr hohe Erwartungen gestellt. Ein rein fachliches Know-how reicht keinesfalls aus. Eine gute Vorgesetzte oder ein Vorgesetzter muss Vorgaben klar formulieren können, Verantwortung übernehmen, Mitarbeiter motivieren, Empathie zeigen, Projekte koordinieren, alltägliche Routineaufgaben effektiv steuern, Unternehmensziele nie aus dem Blick verlieren und auch Druck sowie höheren Anforderungen standhalten können.

Es braucht also nicht nur fachliche Kompetenzen, sondern auch methodische und soziale Fähigkeiten.

Eine gute Führungskraft muss mehrere Funktionen und Rollen in sich vereinen: Man ist nicht nur Vorgesetzter, sondern auch Förderer, Vorbild und Manager. Es ist wichtig, das Team nicht nur führen, sondern auch für eine gemeinsame Sache begeistern zu können. Eine Führungskraft muss jedoch auch wissen, wie mit Konflikten im Team umzugehen ist, die nur Zeit, Effizienz und Energie rauben.

All diese Fähigkeiten perfekt zu verbinden und im stressigen Geschäftsalltag den roten Faden nicht aus dem Blick zu verlieren – das ist oftmals gar nicht so einfach. Es braucht viel Engagement,

Fingerspitzengefühl beim Umgang mit anderen Menschen und gute Führungsqualitäten.

Es ist ungemein wichtig, sich stets „up to date" zu halten, neue Trends rechtzeitig zu erkennen, erfolgversprechende Techniken im eigenen Unternehmen zu etablieren, Arbeitsabläufe bequemer zu gestalten und somit eine noch größere Effizienz zu erzielen.

Führung kann mit einer Art „Baukasten" verglichen werden, in dem sich verschiedene Werkzeuge in Form von Techniken, Arbeitsmethoden und Tools befinden. Diese muss man zum einen kennen und zum anderen an die eigene Unternehmenssituation anpassen können. Eine gute Führungskraft muss natürlich bestimmte Qualitäten und Talente mitbringen, jedoch auch immer bereit sein, sich weiterzuentwickeln, zu wachsen und neue Kompetenzen zu erlangen. In diesem Buch tauchen Sie tiefer in die Thematik des Führens ein und erfahren alles, was wichtig ist, um kompetent und erfolgreich zu sein.

**Auf diese Weise können Sie dem, was Vorgesetzte, Mitarbeiter und Kunden von Ihnen erwarten, mit Leichtigkeit gerecht und sogar immer besser werden!**

# Teil 1 - Theorie

## 1. ÜBER WELCHE KOMPETENZEN SOLLTE EIN LEADER VERFÜGEN?

Ganz egal, ob Sie ein kleines Team, eine Abteilung oder ein großes Unternehmen leiten: Es braucht eine effektive und professionelle Führungskraft, um ein angenehmes Arbeitsverhältnis und die Zufriedenheit der Mitarbeiter sicherstellen zu können. Auch wenn Sie schon eine langjährige Führungskraft sind, können Sie noch produktiver und noch erfolgreicher werden, wenn Sie sich ein wenig Zeit nehmen, um wichtige Kernkompetenzen aufzufrischen und weiter auszubauen.

Führungskräfte müssen über verschiedene Fähigkeiten verfügen, die sie dazu befähigen, im Geschäftsalltag auf unterschiedliche Art und Weise zu handeln, um die gesetzten Ziele zu erreichen. Es gibt im Grunde keine goldene Regel für eine erfolgreiche Führungskraft, doch es gibt wichtige Basiskompetenzen und Qualitäten, über die eine Führungskraft unbedingt verfügen sollte.

### Fachkompetenz

Die Fachkompetenz umfasst das eigene Wissen, das Know-how, die Fähigkeiten und Fertigkeiten einer Führungskraft. Die Fachkompetenz umfasst die Fähigkeit und die Bereitschaft, verschiedene Problem- und Aufgabenstellungen selbstständig und fachlich adäquat zu bearbeiten. Der Fachkompetenz zu Grunde liegt das erworbene theoretische Fachwissen, also die Fachkenntnisse und die berufsspezifische Erfahrung.

- Welche Dinge kann ich besonders gut?
- Wo kann ich mein Know-how bestmöglich umsetzen?
- Wo erbringe ich die besten Leistungen und wo besteht noch Ausbaubedarf?

### Führungskompetenz

Andere Begriffe für „Führungskompetenz" sind zum Beispiel Leitungskompetenz oder Führungsqualität. Hiermit ist die Fähigkeit einer Führungskraft gemeint, bestimmte Ziele festzulegen und das eigene Verhalten sowie das der Mitarbeiter so zu lenken, dass diese Ziele in konkrete Ergebnisse umgesetzt werden. Eine Person mit einer guten Führungskompetenz kann auch komplexe Führungssituationen im Unternehmen problemlos meistern. **Eine kompetente Führungskraft stellt sich immer wieder Fragestellungen wie:**

- Wie führe ich andere Mitarbeiter und auch mich selbst?
- Wie kann ich jeden Tag wieder neu ein motivierendes Umfeld für das Team schaffen?
- Wie viel Entscheidungs- und Handlungsspielraum gebe ich dem Team oder einzelnen Mitarbeitern?

Zur Führungskompetenz gehört es auch, einen Blick für die „richtigen Mitarbeiter“ zu haben, das heißt, die Menschen zu finden, die sich für die Unternehmensziele begeistern und interessieren. Diesen gilt es dann bei der Zielerreichung zu helfen.

**Führungskompetenz bedeutet:**

- Förderung von Teams und einzelnen Mitarbeitern
- Konsequentes Handeln im Unternehmensalltag
- Fähigkeit der Mitarbeiterführung
- Mitarbeiter zur Weiterentwicklung zu befähigen
- Fördern einer gesunden und normalen Fehlerkultur
- Entscheidungen treffen, auch auf Grundlage mangelnder oder fehlender Informationen
- Aufbau und Förderung eines vertrauensvollen Miteinanders
- Kenntnis psychologischer Phänomene, die andere Führungskräfte oder das eigene Team unbewusst beeinflussen

Führungskompetenz ist also mehr eine „geistige innere Haltung“ als das perfekte Beherrschen bestimmter Führungstechniken und Methoden.

Die Führungskompetenz ist als eigenständige Fähigkeit eines Leaders sehr wichtig, denn ein Mensch, der zwar diverse Führungsmethoden beherrscht, aber nicht die passende geistige Haltung hat, kann kein guter Leader sein.

**Zur Führungskompetenz gehört:**

### • Vorbildfunktion erfüllen und Vertrauen aufbauen

Ein führungskompetenter Leader tritt immer glaubwürdig auf und versucht nicht unnötig, sich selbst über seine Mitarbeiter zu stellen, nur um sich selbst besser zu fühlen. Ein authentisches Auftreten wirkt immer am sympathischsten und das sollte sich jede Führungskraft zu Herzen nehmen.

Das Vertrauen der Mitarbeiter sorgt zudem dafür, dass sich alle wohlfühlen und auf dieser Grundlage auch beste Ergebnisse erzielen. Durch ein authentisches Auftreten kann zudem auch das Vertrauen der Mitarbeiter gestärkt werden. Es zahlt sich also in jedem Fall aus, Mitarbeiter vertrauensvoll zu behandeln und die eigenen Versprechen einzuhalten.

### • Ziele festlegen

Klare Ziele zu benennen, erhöht die Motivation der Mitarbeiter. Außerdem gibt es ihnen einen konkreten Sinn in der täglichen Arbeit.

Gut formulierte Ziele sind immer „SMART“, das heißt spezifisch, messbar, angemessen, realistisch und terminiert.

Kleinere Ziele sollten kurzfristig und leicht zu erreichen sein, um für Erfolgsmomente zu sorgen.

Eine gute Führungskraft kann aber auch große Ziele vor Augen führen. Dazu ist es erforderlich, viele kleine Etappenziele festzulegen, die letztlich zur Erreichung des großen Ziels beitragen.

### • Delegieren von Aufgaben

Das effektive Delegieren von Aufgaben ist ein sehr wichtiger Baustein der Führungskompetenz. Kein Leader kann alles selbst erledigen. Ebenso wäre es aber Zeitverschwendung, Aufgaben an Mitarbeiter zu delegieren, die gar nicht die ausreichenden Kompetenzen zur Erledigung mitbringen.

Aufgaben müssen klug delegiert sein, denn nur so können Arbeitsabläufe optimiert und wertvolle zeitliche Kapazitäten eingespart werden. Aus einer cleveren Aufgabenverteilung können Experten-Teams resultieren, die sich auch nicht davor scheuen, die Kompetenzen und Qualitäten ihrer Mitarbeiter noch weiter zu fördern.

### • Richtig und fair kommunizieren

Jeder Mitarbeiter möchte wissen, wofür er arbeitet und auch, was in den Chefetagen über ihm passiert. Transparenz ist also ein zentrales Stichwort der Führungskompetenz. Durch regelmäßige Mitarbeiter-Meetings und Präsentationen kann das Team mit ganz wenig Aufwand up to date gehalten werden. Doch nicht nur die Inhalte, sondern auch die Art und Weise der Kommunikation sind wichtig. Es braucht eine gewaltfreie, faire und wertschätzende Kommunikation.

Um erfolgreich mit Mitarbeitern kommunizieren zu können, sollten Führungskräfte auch emotional intelligent sein. Ein Leader muss einfühlsam erkennen, wann ein Mitarbeiter lieber mal nicht kritisiert werden sollte. Es braucht ein gewisses Maß an Empathie, um auch zu erkennen, wann ein Mitarbeiter in einer positiven und wann in einer negativen Stimmung ist. Führungskräfte, die weder empathisch noch emotional intelligent sind, kämpfen im Geschäftsalltag viel häufiger mit Konflikten im Team. Darunter leidet nicht nur die Effizienz, sondern auch die Zufriedenheit aller.

### • Effizienz und Umsatzorientierung

Ein Leader muss genau wissen, worauf der Fokus liegt. Ist man zum Beispiel eine Führungskraft im Verkauf, dann sollte man den Mitarbeitern selbst vorleben, dass der Kunde mit größtmöglichem Respekt und Aufmerksamkeit zu behandeln ist.

Des Weiteren ist es wichtig, die Mitarbeiter über ihre Leistungen auf dem Laufenden zu halten. Konkretes und regelmäßiges Feedback hilft jedem Beteiligten zu erkennen, wo noch Ausbaubedarf besteht – so fühlt sich niemand ungerecht behandelt. Wie im vorherigen Punkt erwähnt, braucht es hier ein wenig Fingerspitzengefühl, um nicht die Mitarbeiter zu demotivieren, die (noch) keine optimalen Leistungen zeigen. Das macht die Führungskompetenz eines guten Leaders aus.

### • Unternehmerisches Tun und Denken

Auch in puncto Leistung sollte eine Führungskraft ein Vorbild für das Team sein. Nur wenn Mitarbeiter von ihrem Vorgesetzten auch lernen können, ist eine kontinuierliche Leistungssteigerung umsetzbar – und das führt letztlich zu Innovationen und Erfolg.

## Methodenkompetenz

Die Methodenkompetenz unterstützt bei der Aufgabenbewältigung im Sinne einer zielorientierten und effektiven Arbeitsweise. Die Methodenkompetenz ist die Basis, also die Grundvoraussetzung, damit die fachlichen Kompetenzen zielführend angewendet werden können. Es ist sozusagen der Werkzeugkasten, den ein Leader braucht, um seine täglichen Aufgaben mit Erfolg auszuführen.

Die Methodenkompetenz umfasst auf der einen Seite sehr wichtige und grundlegende Methoden. Auf der anderen Seite ist diese Kernkompetenz jedoch stark abhängig von der Situation und Position des Unternehmens, den Mitarbeitern, den definierten Zielen sowie den Aussichten für die Zukunft.

**Folgende Punkte gehören zur Methodenkompetenz**, doch sie müssen als variabel angesehen werden, das bedeutet, dass sie individuell an die eigene Unternehmenssituation anzupassen sind:

- Aufgabenorganisation (Teamarbeit, Organisation von Arbeitsbereichen)
- Delegieren von Aufgaben
- Ziele definieren, verfolgen und erreichen
- Veränderungen und Neuplanungen umsetzen
- Zeitmanagement
- Richtige Prioritäten setzen
- Auf Distanz führen
- Risiko- und Konfliktmanagement
- Problemerkennung & Problemlösung
- Innovationsförderung

## Soziale Kompetenz

Die soziale Kompetenz meint die Fähigkeit einer Führungskraft, die Beziehung zu Mitarbeitern sowie anderen Mitmenschen durch eine gelungene Interaktion und Kommunikation effektiv zu gestalten.

- Wie gehe ich mit anderen Menschen um?
- Wie kommuniziere ich?
- Verfüge ich über ausreichend Empathie?
- Kann ich Konfliktsituationen erkennen und zu effektiven Problemlösungen beitragen?
- Wie kann ich selbst mit Kritik umgehen?

Ein Fahrzeug mit einem ausgezeichneten Motor und äußerst effizienter Ausstattung kann keine Leistung auf der Straße bringen, wenn es keine Reifen hat. So wird es nicht vorwärtskommen.

Ebenso ist es in unserem Fall: Führungs- und auch Methodenkompetenz sind gut und wertvoll, doch ohne ausreichende soziale Kompetenz wertlos. Ein Leader muss richtig mit seinen Mitarbeitern, mit anderen Führungskräften, Kunden und Geschäftspartnern umgehen können.

**Führung besteht zu einem überwiegenden Teil aus Kommunikation und Interaktion!**

**Zur sozialen Kompetenz gehören:**

- Empathiefähigkeit
- Verständnis für andere Mitmenschen
- Kritik und Feedback
- Effektives Konfliktmanagement
- Aktives Zuhören
- Kooperationsfähigkeit
- Interkulturelles Verständnis
- Netzwerken
- Einfühlungsvermögen
- Fähigkeit, Kompromisse zu schließen
- Verständnis der Sorgen und Ängste anderer Menschen

### Selbstkompetenz

Die Selbstkompetenz einer Führungskraft kann auch mit dem Begriff „Persönlichkeitskompetenz“ umschrieben werden.

Ein guter Leader hat niemals mit seiner eigenen persönlichen Weiterentwicklung abgeschlossen. Situationen innerhalb und außerhalb des

Unternehmens verändern sich stetig und auch wir selbst. So muss eine gute und erfolgreiche Führungskraft immer an sich arbeiten, um langfristig beste Ergebnisse erzielen zu können. Dazu braucht es zum Beispiel die Fähigkeit, sich mit den eigenen Schwächen und Stärken auseinanderzusetzen.

**Zur Selbstkompetenz gehören:**

- Selbstkritik
- Bereitschaft zu Veränderungen / Risikobereitschaft
- Selbstreflexion
- Lernbereitschaft
- Erkennen der eigenen Grenzen / Realismus
- Belastbarkeit
- Offenheit & Transparenz
- Emotionalität
- Gelungener Umgang mit den eigenen Fehlern
- Umgang mit widersprüchlichen Informationen
- Resilienz (innere Stärke)
- Flexibilität
- Durchhaltevermögen
- Optimistische Einstellungen
- Hohe Frustrationstoleranz
- Fähigkeit, anderen Mitmenschen wie Kollegen oder Mitarbeitern zu vertrauen

### Strategische & operative Kompetenz

Hier geht es darum, dass ein guter Leader Strategien und Visionen gestalten können muss.

Auch komplexe, dynamische Unternehmens- und Marktentwicklungen müssen wahrgenommen werden. Grundlegend wichtige Überlegungen sind hier:

- Wohin geht die Reise des Unternehmens?
- Was ist das große Ziel?
- Welchen Weg möchten wir einschlagen?

Der langfristige Erfolg steht und fällt mit der Fähigkeit der Strategieentwicklung. Die Nutzung des Internets, spezielle Softwares, Social Media sowie künstliche Intelligenz – all das stellt Leader vor immer neue Herausforderungen, eröffnet jedoch auch viele großartige Möglichkeiten.

**Doch die strategische Kompetenz einer erfolgreichen Führungskraft geht über die Strategiedefinition hinaus. Es braucht noch:**

- Weitsicht
- Ergebnisorientierung
- Langfristige Zielsetzung – daraus sind kurzfristige und mittelfristige Etappenziele abzuleiten
- Fähigkeit, auch radikale Entscheidungen zu treffen und anschließend konsequent umzusetzen, zum Beispiel das Auflösen bestimmter Geschäftsbereiche
- Strategieentwicklung
- Fähigkeit, auch unter Druck gute Entscheidungen zu treffen
- Strategisches Handeln
- Intelligente Abstimmung mit anderen Personen
- Richtiger Umgang mit Problemen, Rückschlägen und Widerständen

- Aktives Einholen anderer Meinungen, um die eigene Sichtweise kritisch überprüfen zu können
- Risikobereitschaft
- Gute Risikoeinschätzung
- Gelungene Kommunikation mit unterschiedlichen Menschen auf verschiedenen Ebenen
- Visionäres und innovatives Denken und Tun

Führungskräfte, die also über eine hohe strategische Kompetenz verfügen, können u.a. verschiedene Situationen rasch analysieren und die richtigen Ziele für ihren Verantwortlichkeitsbereich definieren. Zudem ist der Leader auch in der Lage, diese Ziele an das Team richtig zu kommunizieren und die Mitarbeiter von den eigenen Visionen zu überzeugen.

## 2. DIE 10 ESSENZIELLEN EIGENSCHAFTEN EINER KOMPETENTEN FÜHRUNGSKRAFT

### 1. Kommunikationsfähigkeit

Diese Eigenschaft ist der Schlüssel zum Erfolg. Die zwischenmenschliche Kommunikation beinhaltet alle verbalen Äußerungen, aber auch die nonverbalen, also die Körpersprache, die Mimik, den Tonfall und die Gestik.

Mitarbeiter können jedoch in die unterschiedlichsten sprachlichen und nichtsprachlichen Äußerungen verschiedene Bedeutungen hineininterpretieren. Vor allem bei neuen oder anspruchsvollen Projekten sollte daher immer eine optimistische Kommunikation gewählt werden und ein zuversichtlicher, positiver Ton. Worte wie „Chance" sind deutlich besser als Begriffe wie „Herausforderung".

## 2. Gut zuhören

Achten Sie immer genau auf die Botschaft, die Ihnen andere Menschen übermitteln möchten. Merken Sie sich auch persönliche Informationen von anderen. Auf diese Weise können Sie auch Bedenken, Sorgen oder individuelle Bedürfnisse von Mitarbeitern besser verstehen und gezielt darauf eingehen.

Ein Chef, der gut zuhört, kann zudem eine gute und vertrauensvolle Beziehung zu den Mitarbeitern aufbauen. So hinterlassen Sie als Leader einen positiven Eindruck. Sagt ein Mitarbeiter beispielsweise, dass er gern anspruchsvollere Aufgaben zugeteilt haben möchte, kann man gezielt darauf reagieren und den Mitarbeiter somit zufriedenstellen.

## 3. Richtige Ziele setzen können

Es ist eine der anspruchsvollsten Aufgaben für Führungskräfte, gemeinsame Ziele auf ein Team auszurichten. Für ein effizientes und erfolgreiches Arbeiten braucht es klare und gut nachvollziehbare Ziele. Das sorgt nicht nur für großartige Erfolge, sondern auch für einen starken Zusammenhalt im Team. Eine Führungskraft muss also messbare und detaillierte Ziele setzen können.

## 4. Diplomatisch sein

Führungskräfte müssen in der Lage sein, an Unternehmenszielen festzuhalten, zugleich aber auch den Wünschen des Teams nachzukommen. Für diesen Balanceakt braucht es ein gewisses Maß an Diplomatie und eine offene Kommunikation. In einigen Situationen können bestimmte Unternehmensziele beispielsweise nur dann erreicht werden, wenn die Produktivität durch Leistung von Überstunden erhöht wird. In dem Fall sollten auch leistungsbasierte Boni zur Motivationssteigerung eingesetzt werden.

### 5. Fähigkeit zur Konfliktlösung

Leader müssen in der Lage sein, die Wogen zu glätten, wenn es zwischen einzelnen Mitarbeitern oder Abteilungen zu Konflikten kommt. Sie müssen die Mitarbeiter versöhnen und dafür braucht es zum einen Geduld und zum anderen eine einfühlsame Kommunikation. Wer Konflikte schnell lösen kann, der schafft ein angenehmes Arbeitsklima – für alle!

### 6. Fähigkeit zu motivieren

Eine hohe Arbeitsbelastung, Druck und Stress können negative Auswirkungen auf die Moral der Mitarbeiter haben. Die Produktivität kann gefährdet werden. Wer zufriedene Mitarbeiter haben möchte, muss sie motivieren, immer wieder aufs Neue, ihr Bestes zu geben. Gehen Sie selbst mit gutem Beispiel voran und unterstützen Sie die Mitarbeiter dabei, auch ihre eigenen Ziele zu erreichen!

### 7. Entschlussfreudigkeit

Leader müssen in der Lage sein, viele Entscheidungen zu treffen – wichtige und auch nebensächliche. Je schneller eine Führungskraft gute Entscheidungen treffen kann, desto einfacher kann das Vertrauen der Mitarbeiter gewonnen werden. Diese Fähigkeit lässt sich ausbauen, indem Sie so rasch wie möglich alle wichtigen Informationen sammeln, mögliche Resultate abwägen und schließlich auf Ihren eigenen Instinkt und Ihre bisherige Erfahrung vertrauen. Je mehr Erfahrung Sie sammeln oder haben, desto besser können Sie als Führungskraft werden.

### 8. Durchsetzungsfähigkeit

Durchsetzungsvermögen kann keinesfalls mit Aggressivität gleichgesetzt werden. Stattdessen bedeutet Durchsetzungsvermögen, dass man anderen genau mitteilt, was man von ihnen erwartet und so dafür sorgt, dass die Dinge, die man delegiert, erledigt werden. Das ist von Bedeutung für Leader, damit gewünschte Ergebnisse erzielt werden. Ebenso ist es grundlegend wichtig, dass ein Chef versteht, was die Mitarbeiter von ihm erwarten.

### 9. Authentizität

Authentisch zu sein, heißt glaubwürdig zu sein, und das ist eine essenzielle Grundlage, um Vertrauen zu schaffen.

Warum sollten Mitarbeiter jemandem folgen, bei dem sie nicht genau einschätzen können, woran sie sind? Es ist grundlegend wichtig, dass Sie sich als Führungskraft keine Maske auf das Gesicht setzen, sobald Sie den ersten Schritt in die Firma tun. Bleiben Sie als Mensch erlebbar – mit all Ihren Ecken und Kanten. Auch Chefs sollten immer in der Lage sein, eigene Fehler zuzugeben und sich von ihren Mitarbeitern auch mal Feedback zum eigenen Verhalten und Handeln einzuholen.

### 10. Verantwortungsbewusstsein

Auch Verantwortungsbewusstsein ist eine zentrale Eigenschaft einer Führungskraft, insbesondere gegenüber den eigenen Mitarbeitern. Auch wenn ein Unternehmen eine hohe Anzahl an Mitarbeitern beschäftigt, so sollten Chefs doch in der Lage sein, für jeden einzelnen die Verantwortung zu übernehmen. Es geht wesentlich darum, das Team immer im Hinterkopf zu behalten und in Krisen- oder Stresssituationen dessen Interessenlagen zu bedenken.

Das Verantwortungsbewusstsein gilt aber auch Ihnen selbst: Eine gute Führungskraft ist immer in der Lage, eigene Fehler einzugestehen und zu den getroffenen Entscheidungen verantwortungsbewusst zu stehen.

## 3. WAS SIND DIE AUFGABEN EINES LEADERS?

Eine Führungskraft hat bestimmte, grundlegend wichtige Aufgaben, ganz egal in welcher Branche man als Leader tätig ist:

### • Orientierung und Struktur geben

Eine Führungskraft muss unternehmensinterne Prozesse und Strukturen gestalten können. Vor allem so lange, bis sich ein Unternehmen fest am Markt etablieren konnte, müssen die Strategien permanent an das Umfeld adaptiert werden. Auch die Planung der Aufgaben und die Zuteilung an die Mitarbeiter gehört zu diesem Aufgabenfeld.

### • Förderung der Kommunikation

Kommunikationsfähigkeit ist eine der Basiskompetenzen einer Führungskraft, denn eine offene Kommunikation sorgt für ein angenehmes und zufriedenes Arbeitsklima. Führungskräfte können die Kommunikationsprozesse im Team fördern, indem sie auch eine bestimmte Offenheit in Dialogen zeigen.

Mitarbeiter sollten zudem Anregungen und Kritik äußern können, ohne dadurch eine Diskussion in Gang zu setzen. Ebenso muss eine gute Führungskraft dort Gespräche einleiten, wo es zu Schwierigkeiten zwischen Mitarbeitern kommt.

### • Aufgaben richtig weiterdelegieren

Vorgesetzte delegieren sehr gern Aufgaben und bis zu einem gewissen Grad ist das sogar sehr wichtig. Hierbei steht nicht im Vordergrund, selbst so wenig wie nur möglich arbeiten zu müssen, sondern vielmehr ausreichend Zeit für unvorhergesehene Aufgaben und Projekte zu haben.

Leader sollten sich im Idealfall immer ungefähr 50 % der Arbeitszeit für Unvorhergesehenes freihalten. Das mag auf den ersten Blick viel klingen, ist im praktischen Geschäftsalltag aber keineswegs so. Jede Führungskraft kennt vermutlich das Problem, dass trotz zahlreicher weiterdelegierter Aufgaben der eigene Schreibtisch noch immer überquillt. Zudem ist es so, dass die kompliziertesten und zugleich zeitaufwendigsten Aufgaben unvorhergesehen auf einen einströmen.

### • Aufgaben kontrollieren

Ein gewisses Maß an Kontrolle, Disziplin und Sorgfalt ist unerlässlich. Die kompetente Umsetzung der Anweisungen muss in schriftlichen Berichten festgehalten werden, die regelmäßig von den Mitarbeitern abzugeben sind. Diese Berichte sind sozusagen messbare Kriterien und die Grundlage für ein qualifiziertes Feedback an die Angestellten.

Wenn die Angestellten wissen, was sie besonders gut erledigt haben, dann erhöht das gleichzeitig die Arbeitsmotivation. Umgekehrt kann auch eine leichte, aber konstruktive Kritik sehr sinnvoll sein, um die Mitarbeiter neu anzuspornen, sich beim nächsten Mal etwas mehr anzustrengen.

An dieser Stelle ist auch das Lob gegenüber den Mitarbeitern als ein essenziell wichtiger Bestandteil der täglichen Arbeit zu erwähnen. Auch wenn Sie als Führungskraft Lob aussprechen, müssen Sie Ihre Mitarbeiter immer weiter fordern, damit sich diese auf dem Lob nicht ausruhen und die Leistung somit einknickt. Das wäre langfristig gesehen ein massiver Verlust für den Unternehmenserfolg.

### • Entscheidungsfindung

Richtige Entscheidungen zu treffen gehört zu den Kernaufgaben einer Führungskraft. Hierfür braucht es grundlegende Fähigkeiten wie zum

Beispiel Durchsetzungsvermögen und Selbstsicherheit. Leader müssen Entscheidungen treffen und auch durchsetzen können. Eine durchdachte Entscheidungsfindung in Kombination mit einer Portion Innovationsfreude und Risikobereitschaft sind die besten Voraussetzungen, um sich unternehmerisch am Markt behaupten zu können.

### • Effektives Selbstmanagement

Ein erfolgreicher Leader muss jedoch nicht nur das eigene Team managen und organisieren können, sondern auch sich selbst. Um andere Menschen zu führen, muss man auch die eigene Person „managen" können. Dafür braucht es eine gute Portion Selbsterkenntnis und darauf basierend auch eine Portion Selbstvertrauen. Wer seine eigenen Fähigkeiten, sein individuelles Potenzial kennt, der ist auch in der Lage, komplexere Aufgaben zu bewältigen.

Zu einem effektiven Selbstmanagement gehören zudem auch ein intelligentes Zeitmanagement sowie eine durchdachte Aufgabenplanung.

### • Den Mitarbeitern ein Vorbild sein!

Eine gute Führungskraft ist sich immer dessen bewusst, dass sie eine Vorbildfunktion hat. Menschen neigen von Natur aus dazu, sich mit ihren Vorbildern zu identifizieren und deren Verhaltensmuster nachzuahmen. Aus diesem Grund sollten Leader ihrem Team immer ein positives Bild vermitteln: Fleiß, persönliches Engagement, Ehrlichkeit, Offenheit, Empathie, Verantwortungsbewusstsein – all das sind zentrale Werte, die täglich der Mannschaft vorgelebt werden sollten. Wenn die Mitarbeiter ein positives Bild von ihrem Vorgesetzten haben, dann gelingt es auch leichter, Vertrauen aufzubauen.

### • Das Unternehmen professionell repräsentieren

Das Image des Unternehmens ist von entscheidender Bedeutung für den Erfolg und die Beliebtheit am Markt. Eine Führungskraft muss das Unternehmen professionell nach innen, aber auch nach außen hin repräsentieren – das heißt, ein positives Bild darstellen.

In der Person der Führungskraft sollen die Vision und auch der Auftrag des Unternehmens sichtbar werden.

### • Durchdachtes Krisenmanagement betreiben

Im Geschäftsalltag kann es sowohl im Unternehmen als auch innerhalb eines Teams immer wieder zu Schwierigkeiten kommen. Hier muss die Führungskraft ein erfolgreiches Krisenmanagement betreiben können. Es ist wichtig, auch in Krisenzeiten einen klaren Kopf zu behalten und die Mitarbeiter weiterhin kompetent zu führen. Zu einer kompetenten Führung gehört es auch, sich ausreichend Zeit für die Ängste, Bedenken oder Sorgen der Mitarbeiter zu nehmen. Ein guter Leader ist in der Lage, auf die Bedürfnisse seines Teams einzugehen – auch und vor allem in Krisenzeiten. Vor allem in fordernden Situationen mag das auf den ersten Blick wie eine Zeitverschwendung erscheinen, doch der direkte Bezug zum Team ist und bleibt von entscheidender Bedeutung.

### • Den klaren Durchblick behalten

Eine Führungskraft kann man vergleichen mit dem Kapitän eines großen Schiffs: Er agiert immer vorausschauend, also mit einer gewissen Weitsicht. Damit das klappt, muss sich ein Vorgesetzter stetig einen Überblick über das Unternehmens- und Marktgeschehen verschaffen. Sollte das Unternehmen nämlich mal vom richtigen Kurs abkommen, muss ein Chef in der Lage sein, die richtigen Maßnahmen einzuleiten: Trends müssen analysiert, Kunden- sowie Marktinformationen gesammelt werden, um dadurch die Unternehmensziele gewinnbringend zu steuern.

## 4. ZEITGEMÄß UND INDIVIDUELL FÜHREN

Zeitgemäße, moderne Führung ist die Fähigkeit eines Leaders, den eigenen Führungsstil an die Mitarbeiter anzupassen. Es geht um ein gutes Mitarbeitermanagement, um emotionale Intelligenz, ein wertebasiertes Auftreten, eine klare Vision, persönliches Engagement sowie Motivation.

Wenn auch nur eine dieser zentralen Eigenschaften fehlt, kann das die Effektivität des Führens stark beeinträchtigen.

**Die besten Methoden möchte ich Ihnen hier näher vorstellen:**

### Seien Sie mehr der Coach als der Chef

Kommunizieren Sie mit Ihrem Team und arbeiten Sie eng miteinander. Hierzu gehört auch die Fähigkeit, gewisse Verantwortlichkeiten abzugeben.

Die Zeiten sind vorbei, in denen Manager nur finanzielle Budgets absegneten und für die weitere Projektausführung nicht mehr zuständig waren. Moderne Manager unterstützen ihr Team – sie sind proaktiv und mitten im Unternehmensgeschehen. Kommunikation, produktive Kritik und Zusammenarbeit – das sind zentrale Stichworte.

Mit autoritärem Führungsstil lässt sich kein Mitarbeiter mehr begeistern. Moderne Leader führen nicht mehr auf diese Weise. Vielmehr teilen sie Verantwortlichkeiten, indem auch wichtige Aufgaben an das Team delegiert werden. Auf diese Weise spüren die Mitarbeiter das in sie gesetzte Vertrauen und die Wertschätzung.

Indem Sie Ihren Mitarbeitern entsprechende Freiräume geben, haben diese die Möglichkeit sich weiterzuentwickeln. Erweitern Sie also Ihre Sicht und trauen Sie Ihrem Team ruhig (mehr) zu.

### Überzeugen Sie als „People Manager"

Sie legen ein ausgezeichnetes „People Management" an den Tag, indem Sie ein empathischer, verständnisvoller und motivierender Leader sind. Lernen Sie jeden Mitarbeiter kennen, mit allen Stärken und Schwächen, und fördern Sie gezielt und wertschätzend die Talente jedes Teammitglieds.

**Ein People Manager muss fünf wichtige Eigenschaften mitbringen:**

**1. Fördern**
Fördern Sie jeden einzelnen Mitarbeiter und schaffen Sie sich auf diese Weise ein hocheffektives und erfolgreiches Team.

**2. Verstehen**
Versuchen Sie jedem einzelnen Teammitglied Verständnis entgegenzubringen und nehmen Sie auch mal die Perspektive Ihres Gegenübers ein.

**3. Kollaborieren**
Social Learning ist hier das wichtige Stichwort. Arbeiten Sie zusammen und lernen Sie voneinander.

**4. Richtig kommunizieren**
Schaffen Sie Zufriedenheit und ein produktives Arbeitsklima durch regelmäßige, faire Kritik und eine offene Kommunikation im Team.

**5. Konstruktive Diskussion**

Ein kontroverser Austausch kann oftmals sehr zielführend sein und zu Höchstleistungen anspornen.

Der befehlende Chef wird also zu einem fördernden und empathischen Coach. Erfolgreiche Leader beherrschen die Mitarbeiterführung auf Basiswerten wie Motivation, Verständnis, Empathie sowie die gezielte Talentförderung. Sie ermächtigen ihre Mitarbeiter dazu, eigenständig zu denken, sich persönlich für die Erreichung der Unternehmensziele zu engagieren, Verantwortung zu übernehmen und sich stetig professionell weiterzuentwickeln. In Coaching-Kursen für Führungskräfte lässt sich genau eine solche moderne Mitarbeiterführung erlernen.

## Zeigen Sie, dass Sie Technologien clever einsetzen können

Seien Sie immer up to date, wenn es um die effektivsten Tools und Hilfen im Alltag geht. Sie kennen Ihre Unternehmensfelder am besten und wissen somit genau, welche Technologie und welche Tools Ihre Produktivität am meisten fördern.

Wenn es darum geht, Technologie richtig einzusetzen, dann geht es nicht um ein rein technisches Fachwissen. Sie sind die Führungskraft und müssen nicht über Nacht zum IT-Experten werden, keine Sorge also!

Dennoch ist es wichtig, auf die Unterstützung systemrelevanter Softwares, Apps, Tools oder Programme zu setzen. Diese Programme sollten Sie zum einen kennen. Zum anderen sollten Sie verstehen, wie sie sich auf die Arbeit Ihrer Mitarbeiter auswirken.

Anders ausgedrückt: Moderne Führungskräfte brauchen einen guten Rundumüberblick über die technologischen Entwicklungen und eine gute Kenntnis über die Vorteile dieser Technologien im eigenen Unternehmen.

Skype, Microsoft Teams, Asana oder Zoom – effiziente Tools gibt es viele und sie können zahlreiche interne Prozesse vereinfachen. Sie können die interne Kommunikation erleichtern, aber auch die Teamproduktivität um einiges steigern. Moderne Leader, die technologisch gesehen auf dem neuesten Wissensstand sind, haben immer einen Wettbewerbsvorteil.

### Lassen Sie auch eigene Schwächen sichtbar werden

Dies bedeutet nichts anderes als „menschlich zu führen". Eine gewisse Transparenz und Offenheit bewirken, dass Sie als Leader auch mal eigene Schwächen eingestehen können. Sie sind ein Mensch, eine Führungskraft, die Mitarbeiter anleitet, aber nicht unfehlbar. Also seien Sie ruhig menschlich.

Eine gewisse Verwundbarkeit ist die Grundlage für Kreativität und Innovation im Geschäftsleben. Sie können auch als Vorgesetzter nicht alles wissen und müssen es auch nicht. Gefährlich ist aber in jedem Fall Halbwissen, also probieren Sie bitte gar nicht erst, irgendwelche Wissenslücken oder Schwächen zu überspielen.

Wenn Sie mal ahnungslos sein sollten, dürfen Sie das ruhig zugeben und von dem umfassenden Fachwissen profitieren, dass in Ihrem gesamten Team vorhanden ist. Gemeinsam ist man bekanntlich am stärksten!

### Führen Sie sichtbar

Die Hierarchien werden in modernen Unternehmen immer flacher, daher ist es notwendig, dass moderne Leader das klassische Kontrollieren und Kommandieren vermeiden. Die traditionelle Karriereleiter, in der die Führungskraft quasi als „Alleinherrscher" über allen anderen Mitarbeitern stand, gibt es in der zeitgemäßen Führung nicht mehr.

Die Organigramme werden flacher und die Verantwortlichkeiten verteilen sich im Geschäftsalltag auf viele Schultern. Zum Teil gehen Reports an Projektleiter und nicht direkt an den Vorgesetzten. Die moderne Führung versucht sich immer mehr von der überflüssigen Bürokratie zu befreien.

Moderne Führungskräfte führen nicht mehr, indem sie Befehle erteilen und den Weg vorgeben. Vielmehr wird geführt, indem der Leader den Weg mit dem Team mitgeht. Je kürzer die Dienstwege sind, desto effizienter können die Mitarbeiter auch agieren. Es braucht in der modernen Führung also eine Art Agilität und eine gewisse Flexibilität – und das ist die beste Grundlage für eine hohe Produktivität.

### Teilen Sie wichtige Informationen mit Ihrem Team

Ebenso wichtig ist es, Informationen transparent zu teilen. Das heißt, dass Mitarbeiter entsprechende Auskünfte bekommen müssen. Das ganze Team hat zu jedem Zeitpunkt Zugriff auf dieselben Informationen. „Sharing is the key“ – so lautet das Motto in der modernen Führung.

Traditionell standen die Führungskräfte immer an der Spitze von Unternehmen. Sie hatten den Zugriff auf alle wichtigen Informationen, die zum Fällen der Geschäftsentscheidungen notwendig waren. Sie verteilten die Projekte und Aufträge und die Mitarbeiter mussten diese nur ausführen – möglichst ohne viele Rückfragen.

Bei der modernen Führung hingegen herrscht Transparenz und Offenheit zwischen der Führungskraft und dem Team. Die Informationshortung hat definitiv ausgedient. Die digitalen und hochtechnologischen Zeiten vereinfachen auch die Teilung von Informationen. Auch soziale Medien und unternehmensinterne Kommunikationskanäle bieten eine großartige Möglichkeit, wichtige Facts im Geschäftsalltag miteinander zu teilen.

Ein erfolgreicher Leader versucht seine Mitarbeiter mit allen wichtigen Informationen zu versorgen, damit alle zusammen die Arbeiten gut erledigen können. Diese Transparenz bedarf einer flexiblen Führung, doch sie bietet auch die beste Basis für maximale Mitarbeiterproduktivität.

## 5. FÜHRUNGSSTILE

Es gibt verschiedene Führungsstile, der jeder für sich verschiedene Vorteile und Nachteile bietet. Als Führungskraft sollten Sie selbst entscheiden, welcher Stil sich am ehesten für Ihre Führung eignet.

### Autokratischer/patriarchalischer Führungsstil

Dieser Stil bezeichnet eine komplette Alleinherrschaft im Unternehmen. Die Mitarbeiter dürfen sich an zentralen Unternehmensentscheidungen nicht beteiligen, stattdessen erwarten die Führungskräfte von ihren „Untergebenen" Disziplin und höchsten Gehorsam. Dieser Führungsstil wird insbesondere in einer strengen Hierarchie gelebt. Des Weiteren erfolgen auf Ungehorsam seitens der Mitarbeiter bestimmte Sanktionen von den Führungskräften.

Diesem autokratischen Führungsstil ähnelt der patriarchalische Stil. Er findet sich hauptsächlich in familiengeführten Unternehmen. Hier gibt es eine einzige Person, die alle wichtigen Entscheidungen trifft. Sie hat allein das Sagen, muss aber auch eine gewisse Vorbildfunktion erfüllen.

## VORTEILE

- ✓ Die Mitarbeiter wissen bei diesem Führungsstil genau, welche Regeln sie im Unternehmen zu befolgen haben.
- ✓ Die Entscheidungsdauer und die Dienstwege sind kurz. Wichtige Unternehmensbeschlüsse erfolgen also rasch, denn andere Firmenangehörige außer dem Chef dürfen nicht mitentscheiden.
- ✓ Zahlreiche Unternehmen praktizieren diesen Führungsstil und berichten, dass sie damit kurzfristig eine Leistungssteigerung beim Team beobachten konnten. Die Resultate der Arbeit lassen sich einfach und schnell überprüfen.

## NACHTEILE

- × Die Nachteile überwiegen bei diesem Führungsstil ganz deutlich: Die Kreativität und auch die Motivation der Mitarbeiter bleiben leider auf der Strecke.
- × Die Ideen des Teams, wie die Organisation oder der Betrieb nach vorn gebracht werden kann, werden ebenfalls unterbunden. Dabei könnten vor allem langjährige Mitarbeiter mit viel Berufserfahrung, aber auch frische Hochschulabsolventen mit ihrem Fachwissen zur Weiterentwicklung der Firma beitragen.
- × Wenn die Entscheidungsbefugnis ausschließlich bei einer einzigen Person liegt – nämlich beim Vorgesetzten – kann es zudem leichter zu Fehlentscheidungen kommen, die für das Unternehmen fatale Folgen haben können.

### Die charismatische Art des Führens

Charisma – das ist ein Begriff, der für eine positive Ausstrahlung einer Person steht.

Führungskräfte, die charismatisch sind, können ihre Mitarbeiter zu Höchstleistungen anspornen und motivieren. Diese Leader sind also in der Lage, durch eine optimistische Sichtweise zu überzeugen und das nachhaltig.

**VORTEILE**

- ✓ Ein charismatischer Führungsstil führt nicht nur zu motivierten Teams. Auch die Vorgesetzten selbst sind bei einem solchen Stil des Führens viel flexibler und können besser auf diverse Geschäftssituationen reagieren.
- ✓ Die Mitarbeiter sind selbstbestimmter und selbstbewusster und gehen ihre Aufgaben mit deutlich mehr Verantwortung an.

**NACHTEILE**

- × Dieser Führungsstil ist sehr spezifisch: Um einen solchen pflegen zu können, muss man eben Charisma besitzen, und das ist eine Eigenschaft, die man nicht wirklich erlernen kann.
- × Wenn Chefs, die diesen Stil anwenden, ihren Mitarbeitern gegenüber nicht positiv eingestellt sind, werden sie nicht in der Lage sein, das Unternehmen effektiv nach vorn zu bringen.

### Der bürokratische Stil der Führung

Dieser Führungsstil unterliegt strengen Vorschriften, Regelungen und Richtlinien, die von den Mitarbeitern befolgt werden müssen. Im Vergleich zum charismatischen Leader ist beim bürokratischen Stil des Führens die Position nicht an einen bestimmten Menschen gebunden. Dieser Führungsstil wird vor allem in Großunternehmen und Großkonzernen, aber auch in Behörden gepflegt. Wer mit den zahlreichen Unternehmensrichtlinien wirklich genauestens vertraut sein möchte, muss im Idealfall eine jahrelange Betriebszugehörigkeit verzeichnen können.

**VORTEILE**

- ✓ Die genauen Arbeitsanweisungen, Stellenbeschreibungen und Dienstvorschriften sowie die geregelten internen Abläufe machen vieles einfach und überschaubar.
- ✓ Bei dieser Form des Führens werden recht wenige Fehlentscheidungen getroffen.

**NACHTEILE**

- × Der Entscheidungsspielraum ist äußerst gering. Auf die Führungskraft kann sich das durch schlechte Laune auswirken.
- × Eine schlechte Stimmungslage führt auch zu einer Demotivation – des Leaders und auch der Mitarbeiter.
- × Weder der Vorgesetzte noch das Team haben eine Chance, das Unternehmen zu „revolutionieren" und es am Markt entscheidend vorwärts zu bringen.
- × Die Entscheidungswege sind lang und das kann negative Folgen für den Unternehmenserfolg mit sich bringen.

- ✗ Die Nachteile dieses Führungsstils überwiegen gegenüber den Vorteilen.

### Der autoritäre Führungsstil

Auch hier liegt die alleinige Entscheidungsvollmacht beim Vorgesetzten. Das Team hat sich an dessen Beschlüsse zu halten – ohne Wenn und Aber.

Die Mitarbeiter sollen keine eigenen Vorschläge einbringen, das ist gar nicht erwünscht. Die Führungskraft entscheidet nicht nur alles, sondern hat auch das Recht, die Mitarbeiter zu kontrollieren. Durch diesen Führungsstil entsteht jedoch eine große Distanz zwischen dem Chef und seinem Team.

**VORTEILE**

- ✓ Die Führungskraft hat bei diesem Stil des Führens jederzeit rasch die Möglichkeit entscheiden und handeln zu können. Das ist vor allem in Krisenzeiten sehr wichtig.
- ✓ Der autoritäre Führungsstil regelt auch ganz klar, bei wem die Verantwortlichkeiten für die gefällten Entscheidungen und die getroffenen Beschlüsse liegen.

**NACHTEILE**

- ✗ Ein solcher Führungsstil demotiviert im Allgemeinen die Mitarbeiter.
- ✗ Wenn die Führungskraft sehr autoritär vorgeht, so haben Mitarbeiter keine Gelegenheit, eigene Lösungsvorschläge zu entwickeln. Da sie in solchen Fällen oft auch keine Lust haben, sich selbst Lösungen zu überlegen und sich aktiv einzubringen, bleibt die Kreativität auf der Strecke.

- ✗ Die Mitarbeiter können überhaupt nicht „mithelfen“, dass das Unternehmen an die Marktspitze gelangt und gegenüber anderen Firmen mit deutlichen Konkurrenzvorteilen überzeugen kann.
- ✗ Wenn in einem Betrieb ein solcher Stil der Führung praktiziert wird, dann ist das Risiko, dass die Innovationsrate sinkt, sehr groß. Innovative Produkte und kreative Ideen sind jedoch für den Erfolg eines Unternehmens ausschlaggebend.
- ✗ Dieser Führungsstil überfordert zudem den Vorgesetzten, denn alle Verantwortung lastet auf ihm allein.
- ✗ Des Weiteren steigt das Risiko für Fehlentscheidungen um ein Vielfaches an.

### Der kooperative Stil des Führens

Bei diesem Führungsstil spielt die Meinung der Mitarbeiter eine wichtige Rolle. Das Team darf sich an Entscheidungsprozessen, die das Unternehmen betreffen, aktiv beteiligen. Der Leader kann weiterhin delegieren und Arbeitsanweisungen an sein Team weitergeben.

**VORTEILE**

- ✓ Ein solcher Führungsstil bietet verschiedene Vorteile. Wissenschaftliche Forschungsuntersuchungen belegen, dass ein solcher Stil des Führens die Arbeitsmotivation steigert.
- ✓ Der Chef fördert mit einem kooperativen Führungsstil zudem die Mitarbeiterkreativität.
- ✓ Der Vorgesetzte wird massiv entlastet, indem die Mitarbeiter gezielt in die Entscheidungsprozesse miteingebunden werden.

✓ Das Betriebs- und Arbeitsklima ist bei kooperativen Führungsstilen deutlich angenehmer.

✓ Unternehmen, die auf diesen Führungsstil setzen, erzielen deutlich bessere wirtschaftliche Ergebnisse als die Konkurrenz, die eher einen autoritären Führungsstil pflegt.

**NACHTEILE**

✗ Dieser Führungsstil birgt die Gefahr, dass wichtige Unternehmensentscheidungen nicht rasch genug gefällt werden.

✗ Auch dieser Führungsstil kann die Führungskraft überfordern, vor allem dann, wenn er stets darauf bedacht ist, es allen Mitarbeitern recht machen zu wollen.

### Laissez-faire – der „lass-mal-machen-Führungsstil"

Laissez faire ist ein Begriff, der aus der französischen Sprache stammt und ins Deutsche übersetzt so viel wie „lass mal machen" bedeutet.
Hier haben die Mitarbeiter alle Freiheiten hinsichtlich der Arbeitserledigung. Sie haben einen breitgefächerten Handlungsspielraum. Das Team entscheidet, wie vorgegangen wird und welche Entscheidungen und Beschlüsse getroffen werden. Die Führungskraft übernimmt lediglich eine Rolle des Informationsvermittlers. Zudem steht der Leader für aufkommende Fragen oder Probleme als Berater zur Verfügung.

**VORTEILE**

- ✓ Hier haben die Angestellten einen enorm großen Entscheidungsspielraum.
- ✓ Die Motivation ist bei diesem Führungsstil sehr hoch.
- ✓ Auch die Kreativität jedes einzelnen Mitarbeiters wird gefördert.
- ✓ Die Mitarbeiter sind sehr selbstständig und haben ein hohes Maß an Eigenverantwortung.

**NACHTEILE**

- × In einem Unternehmen kommen nicht alle Mitarbeiter komplett ohne Führung und ohne Anweisungen aus. Mit einem solchen Führungsstil würden sich viele Mitarbeiter verloren fühlen.
- × Der Disziplinfaktor kann bei dieser Führungsart zum Teil komplett untergehen.
- × Es kann passieren, dass Entscheidungen, die für das Unternehmen relevant sind, zu langsam gefallen werden.
- × Einige Mitarbeiter laufen auch Gefahr, den breitgefächerten Handlungsspielraum, der ihnen vom Vorgesetzten überlassen wird, zu missbrauchen.
- × Eher zurückhaltende Teammitglieder werden durch diesen Führungsstil vernachlässigt und viel zu wenig in die wichtigen Entscheidungsprozesse mitintegriert.
- × Infolgedessen erzielen die Mitarbeiter qualitativ gesehen wesentlich schlechtere Arbeitsleistungen und geraten – früher oder später – untereinander in Konflikte.

× Die Liste der Nachteile ist auch bei diesem Führungsstil länger als die Liste der Vorteile.

### Die demokratische Art des Führens

Hier arbeitet die Führungskraft mit den Mitarbeitern zusammen. Aus diesem Grund werden die Angestellten vom Chef auch in die Unternehmensentscheidungen miteinbezogen. Es finden Meetings und Gruppenbesprechungen statt. Das Ziel ist es immer wieder, innovative und kreative Lösungsansätze zu entwickeln und somit den Erfolg des Unternehmens am Markt zu steigern.

Die letztliche Entscheidungsmacht liegt jedoch bei der Führungskraft. Die Mitarbeitermeinung ist aber erwünscht.

Auf diese Weise haben auch die Mitarbeiter ein gewisses Maß an Selbstkontrolle und Eigenbestimmung.

**VORTEILE**

✓ Bei dieser Art des Führens überwiegen die Vorteile ganz klar.

✓ Die getroffenen Unternehmensentscheidungen gewinnen eine höhere Transparenz, denn die Mitarbeiter werden in die Prozesse miteinbezogen.

✓ Durch die Mitentscheidungsmacht des Teams wird der Vorgesetzte entlastet. Dadurch sinkt das Risiko für falsche Entscheidungen und Beschlüsse.

✓ Des Weiteren sind die Mitarbeiter motivierter, leistungsbereiter und fleißiger, denn sie können sich besser mit den Aufgaben und Projekten identifizieren, denen sie täglich nachgehen.

**NACHTEILE**

- ✖ Dieser Stil des Führens ist oft mit einem recht hohen Zeitaufwand verbunden. Es kann also unter Umständen lange dauern, bis wichtige Unternehmensentscheidungen getroffen werden, denn die Mitarbeitermeinungen werden in den Entscheidungsprozess miteinbezogen.

### Der partizipative Stil der Unternehmensführung

Hierbei handelt es sich um eine Kombination aus dem autoritären Stil sowie dem kooperativen Stil. Im wahren Geschäftsleben finden sich nahezu immer **„Misch-Stile“**, das heißt, dass man in kaum einem Unternehmen einen Führungsstil in seiner vollkommenen Reinheit findet.

Beim partizipativen Stil wird das Team in die Entscheidungen miteinbezogen, aber nicht ganz ohne Einschränkungen. Durch bestimmte Sachzuwendungen oder eine betriebliche Altersvorsorge soll zugleich die Bindung der Mitarbeiter an das Unternehmen gestärkt werden.

## 6. FÜHRUNGSMODELLE

In den verschiedenen Führungsmodellen werden alle theoretischen Führungsaspekte dargestellt. Es handelt sich also um Denkmodelle, die konkrete Hinweise liefern, wie die Führung eines Unternehmens aussehen kann und sollte. Die Grenzen zwischen den einzelnen Modellen verlaufen dabei fließend. Im praktischen Geschäftsalltag ist es daher problemlos möglich, mehrere aufeinander basierende Führungsmodelle miteinander zu verbinden.

**Hier möchte ich Ihnen die wichtigsten Führungsmodelle einmal näher vorstellen.**

### Harzburger Führungsmodell

Entwickelt wurde dieses Führungsmodell im Jahr 1956. Der Sinn und Zweck dahinter war es, den autoritären Stil der Unternehmensführung abzuschaffen. In der Führungstechnik „Management by Delegation" ist das Harzburger Modell das wohl bekannteste Führungsmodell. Im Kern besagt dieses Modell, dass alle Unternehmensentscheidungen dort gefällt werden müssen, wo sie von hoher Wichtigkeit sind. Aus diesem Grund treffen auch die Mitarbeiter selbst im Geschäftsalltag immer wieder Entscheidungen und tragen diese auch mit. Dennoch muss es eine klare Unternehmensstruktur und Hierarchie geben.

Führungskräfte müssen nach diesem Modell aber auch im Stande sein, Verantwortung und Aufgaben an ihre Mitarbeiter zu delegieren und somit für die eigene Entlastung zu sorgen.

### St. Gallener Modell der Führung

Anfang der Siebziger Jahre wurde dieses Führungsmodell von Hans Ulrich entwickelt, dem Gründer des „St. Gallener Instituts für Wirtschaftslehre".

Bis zum Jahr 2002 wurde das Modell immer wieder verändert und angepasst. Dieses Modell verbindet die Führung des Unternehmens mit der Personalebene und teilt das Management eines Unternehmens in drei zentrale Ebenen:

a. **Normative Ebene** – das ist die theoretische Begründung eines Unternehmens.

b. **Strategische Ebene** – auf dieser Ebene wird die Unternehmensstruktur geplant und festgelegt.

c. **Operative Ebene** – die getroffenen Unternehmensentscheidungen werden auf dieser Ebene umgesetzt.

Im praktischen Geschäftsalltag ist dieses Führungsmodell sehr gut umsetzbar, denn es hat klare und leicht anwendbare Definitionen.

### Das Führungsmodell von R. Likert

Dieses Modell der Führung wurde im Jahr 1961 entwickelt und ist auch als „Gruppenkonzept" bekannt.

Die Mitarbeiter eines Unternehmens werden dabei in zwei Gruppen kategorisiert, die einander aber überlappen: Auf der einen Seite gibt es die sogenannten „Teilnehmer" und auf der anderen Seite die „Moderatoren".

Das Ziel dieses Führungsmodell ist die Optimierung der Unternehmenskommunikation. Indem sich die Kommunikationsprozesse überlappen, sollen unternehmensinterne Vorgänge verbessert werden.

Dieses Gruppenkonzept hat jedoch einen wesentlichen Nachteil – es ist nämlich sehr personalintensiv. Gruppenentscheidungen brauchen zudem in der Regel einfach oft viel mehr Zeit und diese fehlt im stressigen Geschäftsalltag.

Das ist auch zugleich der Grund, warum es in der Geschäftspraxis nur sehr selten zur Anwendung kommt.

### Die XY-Theorie

Dieses Führungsmodell von Douglas McGregor gründet auf zwei ganz verschiedenen Menschenbildern. Die X-Theorie betrachtet den Mitarbeiter eher negativ, die Y-Theorie hat hingegen eine positive Perspektive:

## X-Theorie und ihre Ansicht:

- Der durchschnittliche Mitarbeiter hat nur wenig Elan, ist träge und meidet die Arbeit, wo es nur geht.

- Mitarbeiter haben im Allgemeinen nicht viel Ehrgeiz und scheuen die Verantwortung. Sie müssen und möchten angeleitet werden.
- Jeder Mitarbeiter eines Unternehmens zeichnet sich dadurch aus, dass er nach Sicherheit strebt.
- Die Unternehmensziele können mithilfe von Sanktionen und Druck erreicht werden.
- Die Trägheit des Menschen erfordert in Unternehmen eine häufige Ergebniskontrolle sowie eine straffe Unternehmensführung.

**Die Y-Theorie und ihre Ansicht:**

- Die mangelnde Lust zu arbeiten ist nicht angeboren, sondern in den meisten Fällen die Konsequenz mangelhafter Arbeitsbedingungen
- Mitarbeiter haben Selbstkontrolle und Selbstdisziplin und akzeptieren demnach auch die Zielvorgaben.
- Das Potenzial der Mitarbeiter ist in den meisten Fällen deutlich größer als vermutet. Man könnte hier also wesentlich mehr nutzen.
- Belohnung bietet den Mitarbeitern die Chance, ihre Persönlichkeit immer weiter zu entfalten und zugleich den Anreiz, die Unternehmensziele zu erreichen.
- Mitarbeiter wollen Verantwortung übernehmen, vorausgesetzt, dass sie nur richtig geführt werden.

Der Begründer dieser Führungsmodelltheorie ist sich sicher, dass Führungskräfte auf die Y-Theorie setzen sollten und die X-Theorie möglichst aufgeben sollten. Chefs, die ihre Mitarbeiter nach der X-Theorie klassifizieren, machen es sich selbst zu einfach. Andererseits ist es aber auch so, dass sich nicht alle Mitarbeiter von einem kooperativen

Führungsstil – wie er von der Y-Theorie vorausgesetzt wird – angesprochen fühlen.

## 7. FÜHRUNGSTECHNIKEN

Besonders in Unternehmenskreisen wird oft von Führungstechniken gesprochen. Viele wissen jedoch zu Beginn gar nicht genau, um was es sich hier überhaupt handelt.

Bei Führungstechniken handelt es sich streng genommen um Methoden und Mittel, die mit der Mitarbeiterführung zusammenhängen. Gerade Leader haben hier eine große Verantwortung und müssen sich auch immer wieder neuen Herausforderungen und Situationen in der Mitarbeiterführung stellen. Genau hier setzen die verschiedenen Führungstechniken an. Es geht besonders darum, Abläufe zu optimieren, um so eine besonders effiziente und gute Möglichkeit der Mitarbeiterführung zu erzielen. Nur gemeinsam können gute Unternehmensziele verwirklicht und erreicht werden, wenn hier Leader und Team zusammenarbeiten.

**Verschiedene Führungstechniken:**

- **Management by Objectives**
- **Management by Results**
- **Management by Delegation**
- **Management by Decision Rules**
- **Management by Exception**
- **Management by Systems**
- **Management by Motivation**

### Management by Objectives

Bei dieser Führungstechnik steht ganz klar die Zielvereinbarung im Vordergrund. In der Praxis wird Management by Objectives auch mit MbO abgekürzt.

Der Leader gibt den Teammitgliedern bei dieser Technik Zielvorgaben. Diese leiten sich in der Regel von den bekannten Unternehmenszielen ab. Es ist eine sehr klassische Methode der Mitarbeiterführung. Die Führungskraft bespricht mit dem Mitarbeiter die Ziele und versucht in dem Gespräch zu erläutern, welche Hilfsmittel hierfür benötigt werden. Das können zum Beispiel technische Mittel sein oder auch Fortbildungen, die der Mitarbeiter für die Zielerreichung benötigt.

Diese Methode wurde vor einigen Jahren noch vermehrt so durchgeführt. Mittlerweile haben sich nicht nur die Unternehmen verändert, sondern auch die Beziehungen zwischen Leader und Team. Diese Technik wurde weiterentwickelt und heutzutage steht hier nicht mehr nur die Zielfestlegung des Vorgesetzten im Vordergrund, sondern die kreative und aktive Gestaltung durch den Mitarbeiter. Die Teammitglieder haben eine partnerschaftliche Beziehung zum Leader und es stehen gemeinsame Entscheidungen im Fokus. Die Mitarbeiter sollen sich nicht passiv verhalten, sondern ganz aktiv ihre kreativen Ideen einbringen und so zur Zielerreichung beitragen.

### Management by Results

Diese Methode ist eine ganz klassische Technik, die besonders Führungskräfte mit einem autoritären Führungsstil anwenden. Hierbei können die Mitarbeiter keinerlei Kreativität oder eigene Ideen einbringen. Es geht hier im Gegensatz zu MbO um die Ergebnisorientierung.

Der Leader gibt den Mitarbeitern bestimmte Ziele vor, die erreicht werden müssen. Die Führungskraft überprüft die Ergebnisse der

Mitarbeiter. Hierbei wird der aktuelle Leistungsstand dem zu erreichenden Leistungs-Soll gegenübergestellt.

Der Mitarbeiter hat hier keinen kreativen Spielraum für eigene Entscheidungen, Ideen oder auch Mitbestimmung.

### Management by Delegation

Diese Methode ist wohl nicht nur bei Mitarbeitern sehr beliebt, sondern auch bei Führungskräften. In der Praxis wird diese Technik mit MbD abgekürzt. Bei diesem Modell gibt der Leader dem Teammitglied eine Aufgabe. In der Ausführung ist der Mitarbeiter aber komplett frei. Natürlich spielt hier auch eine gewisse Verantwortung mit, indem der Vorgesetzte dem Mitarbeiter vertraut und dieser selbst dafür zuständig ist, dass die Aufgabe erfüllt wird.

Dem Leader obliegt es, den richtigen Mitarbeiter für diese Projekte auszuwählen. Nur wenn die Führungskraft die Stärken und Schwächen des Teams kennt, kann sie natürlich auch gezielt entscheiden, welcher Mitarbeiter für den jeweiligen Auftrag die Idealbesetzung ist.

Um Missverständnisse zu vermeiden, sollten die Teammitglieder genau wissen, welche Aufgaben sie haben. Die Führungskraft muss also die Zuständigkeiten klar benennen und diese vom anderen Team abgrenzen. Ansonsten kann es passieren, dass Vorgänge doppelt erledigt werden oder Missverständnisse im Team entstehen.

Der Leader ist hier aber nicht nur dafür verantwortlich, die Aufgaben zu verteilen, sondern auch in Feedbackgesprächen die Fortschritte der Projekte mit den Mitarbeitern zu besprechen. Durch diese Gespräche erhalten die Beteiligten ein gutes Gefühl dafür, ob sie auf dem richtigen Weg sind und können sich auch gegebenenfalls noch Input vom Leader abholen. Für die Führungskraft sind diese Gespräche wichtig, um Projektfortschritte klar zu erkennen und immer wieder Tipps und

Hilfestellungen zu geben. Falls hier Aufgaben nicht richtig erfüllt werden, kann der Leader entgegensteuern und gleich Maßnahmen ergreifen.

### Management by Decision Rules

Diese Technik kann wie eine Ergänzung zum Management by Delegation gesehen werden. Diese Methode wird besonders bei Routineaufgaben häufig angewendet.

Der Leader vergibt hier wieder bestimmte Aufgaben. Die Mitarbeiter können allerdings nicht komplett frei entscheiden, sondern erhalten einen Leitfaden an die Hand. Dieser Leitfaden hilft ihnen, im Vorfeld für jedes Problem und jede Situation eine Lösung zu finden. Es sind also eine Art „Wenn-Dann-Regeln", die der Leader zur Verfügung stellt.

Bei dieser Technik greift die Führungskraft aber nicht direkt in die Arbeitsabläufe ein, sondern übernimmt eine passive Rolle. Der Leitfaden dient hier als Hilfestellung für die Teammitglieder und kann sie bei der Aufgabenerledigung unterstützen.

Besonders profitieren routinierte und regelmäßige Abläufe von dieser Technik. Oftmals gibt es gewisse Prozesse, die in Unternehmen immer wieder gleich ablaufen müssen. Genau für solche Aufgaben sind die Leitlinien wichtig und können den Beschäftigten auch explizit helfen.

### Management by Exception

Die Führungsrollen der Leader haben sich in den letzten Jahren stark verändert. Früher wurden den Mitarbeitern immer noch exakte Vorgaben gemacht, heute erhalten sie in ihren Entscheidungen viel Spielraum.

Bei dieser Technik geht es darum, dass der Leader den Teammitgliedern bestimmte Aufgaben erteilt. Die Führungskraft übergibt aber bei dieser Aufgabenverteilung auch eine gewisse Verantwortung an die

Mitarbeiter. Diese dürfen ganz frei ihre eigenen Ideen und Entscheidungen treffen. Es werden Kompetenzen auf einzelne Personen (auch der unteren Hierarchiestufen) übertragen, die dann für die Aufgabenlösung selbst verantwortlich sind.

Der Leader übernimmt hier eine passive Rolle und greift nur im Notfall ein, falls bei dem Projekt Probleme auftreten. Die Führungskraft vertraut hier in die Kompetenzen und Fähigkeiten der Mitarbeiter und lässt diesen einen großen Spielraum bei der Lösungsfindung und Zielerreichung.

### Management by Systems

Bei diesem Prinzip wird Führung im Sinne einer Systemsteuerung beschrieben. In jedem Unternehmensbereich gibt es konkrete Handlungsanweisungen oder zum Teil auch softwarebasierte Systeme, die sich anhand von definierten Grundregeln selbst regulieren sollen.

Diese Selbstregulation bewirkt schließlich, dass der Leader nur noch in äußersten Ausnahmefällen einschreiten muss. Durch die Informationssysteme wie zum Beispiel Microsoft Teams, Asana oder Trello können verschiedene Zustände wie etwa die Zielerreichung von der Führungskraft eingesehen werden.

Hier ist das Potenzial zur Weiterentwicklung aber sehr wichtig. Das bedeutet, dass man nicht an starr festgelegten Systemen oder alten Anweisungen festhält, wie das zum Beispiel häufig im Öffentlichen Dienst der Fall ist. Wenn neue Ansätze notwendig sind, sollte man sich von alten Systemen auch wieder verabschieden können.

### Management by Motivation

Motivation ist die zentrale Basis für die Leistungsbereitschaft und exakt darum geht es bei dieser verhaltensbasierten Führungstechnik.

Mitarbeiter müssen für ihren Job begeistert und an das Unternehmen stärker gebunden werden. Zu diesem Zweck versucht die Führungskraft die Bedürfnisse der Mitarbeiter herauszufinden, um ihnen eine Arbeit zu geben, die die Beschäftigten erfüllt und auch ihre Bedürfnisse befriedigt. Nachhaltigkeit wird vor allem durch eine höhere intrinsische Motivation erreicht, das heißt durch die Übertragung von mehr Verantwortung, durch mehr Entscheidungsfreiheit, durch spannendere Projekte oder die Möglichkeit der flexiblen Zeiteinteilung.

Die Führungskraft muss also herausfinden, was den Mitarbeitern tatsächlich viel bedeutet und gefällt. Das kann etwa durch deren gezielte Befragung ermittelt werden. Doch die reine Bedürfniserfüllung ist noch keine Garantie für ein Plus an Motivation.

Auch durch ein Dienstfahrzeug oder eine Gehaltserhöhung lässt sich die Motivation in der Regel nicht nachhaltig steigern. Erwiesenermaßen bewirkt ein höheres Gehalt für rund drei Monate ein Plus an Motivation.

Viel wichtiger ist also, dass die Führungskraft herausfindet, welche Aufgaben und Projekte tatsächlich Spaß machen, um die Beschäftigten dann zu fördern und zu fordern.

## 8. FÜHRUNGSMITTEL

Bei den Führungsmitteln handelt es sich um Führungsinstrumente, die einem Leader im Unternehmensalltag zur Verfügung stehen. Mit diesen Mitteln kann eine Führungskraft die Mitarbeiter also zum Erfolg bringen.

**Unterschieden wird dabei zwischen zwei Kategorien, nämlich den direkten Führungsmitteln sowie den indirekten Führungsmitteln.**

Mit **direkten Führungsmitteln** wird unmittelbar Einfluss auf das Verhalten und das Erleben des Angestellten genommen. Hierzu gehören zum Beispiel:

- Feedback und Kritik
- Anerkennung
- Lob
- Zielvereinbarungen und Mitarbeitergespräche
- Gemeinsame Planung der Karriere
- Aufbau von Vertrauen
- Zuordnung der Aufgaben (Rollenverteilung)
- Arbeitsgestaltung
- Mitbeteiligung an Entscheidungsprozessen
- Delegation von Verantwortlichkeiten.

Mit **indirekten Führungsmitteln** wird in erster Linie das Arbeitsumfeld des Angestellten gestaltet und somit indirekt auf sein Verhalten und Erleben Einfluss genommen. Zu diesen Führungsmitteln gehört:

- Die Auswahl des Personals
- Teamentwicklung
- Teamgestaltung
- Mitarbeiterwettbewerb
- Normen und Regeln
- Gestaltung der Arbeitsumgebung.

Es kommt im Alltag einer guten Führungskraft nicht darauf an, wie viele Führungsinstrumente eingesetzt werden, sondern wie gut die Werkzeuge im Einzelnen beherrscht werden.

Richtig wertschätzen und loben ist zum Beispiel ein sehr wertvolles Führungsmittel, die Anwendung in der Praxis gestaltet sich jedoch häufig gar nicht so einfach. Wird zu wenig gelobt, fehlt es den Mitarbeitern an Anerkennung und Wertschätzung. Wird hingegen zu viel gelobt, dann kann dieses Führungsmittel rasch an Wert verlieren.

# Teil 2 - Praxis

## 1. DIE ERSTE ZEIT ALS LEADER

Glückwunsch, Sie wurden befördert und sind als Führungskraft ausgewählt worden. Nun müssen Sie sich gut auf Ihre neue Aufgabe vorbereiten. Es warten ein sehr spannendes Aufgabenfeld auf Sie und eine ganze Menge Herausforderungen.

Freuen Sie sich auf die neue Stelle oder haben Sie ein wenig Angst, was demnächst auf Sie zukommen könnte?

Wissen Sie genau, welche Aufgaben Sie in Zukunft übernehmen müssen und was konkret von Ihnen erwartet wird?

Es ist erforderlich, sich zu fragen, wie Sie sich am besten auf die neue Position vorbereiten können. Es ist ganz normal, dass sich kleine Unsicherheiten einschleichen, denn schließlich kommt eine nichtvertraute Situation auf Sie zu. Sie müssen jedoch lernen, durchdacht und rasch zu entscheiden und zu handeln, denn genau das wird von Ihnen als kompetente Führungskraft erwartet.

Für die erfolgreiche Leader-Zukunft sind vor allem die „berühmten 100 Tage" besonders wichtig. Diese Zeitspanne ist also entscheidend. Der erste Eindruck bei den Mitarbeitern, aber auch bei anderen Vorgesetzten ist sehr nachhaltig und muss daher zu 100 % stimmen.

**Eine gute Vorbereitung auf die neue Stelle ist grundlegend wichtig. Wie gut Ihnen das gelingt, hängt von unterschiedlichen Faktoren ab, so beispielsweise:**

- von möglicherweise vorhandenen Erfahrungen auf Führungsebene
- von den Informationen, die Sie vom neuen Unternehmen und dem neuen Tätigkeitsbereich haben
- von Ihren persönlichen Kontakten in die neue Firma
- ob Sie unternehmensintern eine Führungsposition übernehmen oder von extern in ein Unternehmen kommen.

Mit den folgenden Tipps wird Ihnen eine gute und vertrauensvolle Kooperation mit Ihrem Team und den Geschäftspartnern gelingen.

### 1.1. Im alten Betrieb

Wenn ein Mitarbeiter zu einer Führungskraft befördert wird, dann spielt die bisherige Berufserfahrung eine zentrale Rolle. Meistens gibt es in einem solchen Fall ein umfassendes Backgroundwissen über das Unternehmen, aber auch über die ganze Branche. Wenn ein Mitarbeiter schon länger ein wichtiger Baustein des Teams ist, weiß er nicht nur, was auf dem eigenen Tisch los ist, sondern ist auch bestens darüber informiert, was sich in anderen Abteilungen des Unternehmens tut. Dieser Mitarbeiter weiß, wie einzelne Unternehmensprojekte ablaufen und auch, was es konkret bedeutet, wenn bestimmte Aufgaben zu spät oder mangelhaft erledigt werden.

Dieses Hintergrundwissen ist schon ein sehr guter Einstieg in die neue Führungsposition, macht allein aber noch keinen guten Leader aus. Es verdeutlicht aber, dass es auch viele junge Talente gibt, die in der Lage sind, in die Führungsetage aufzusteigen.

Es liegt in der Hand eines jeden Unternehmens, ob ein Mitarbeiter über viele Jahre immer in derselben Position ist oder sich allmählich zu einer Führungskraft entwickelt. Es ist entscheidend, den richtigen Mitarbeiter zu befördern, da es ansonsten zu einem nicht erheblichen Unternehmensschaden kommen kann.
Es ist also durchaus sinnvoll, einen Mitarbeiter gezielt auf die höhere Führungsposition vorzubereiten.

Als erfolgreicher Leader wird man nicht geboren. Man muss sich auf die Rolle vorbereiten. Das ist oftmals alles andere als leicht, wenn man zuvor ein Teil des Teams war und nun im eigenen Unternehmen einen Perspektivenwechsel vornimmt.

Wenn Sie vom Kollegen zum Chef befördert wurden, dann haben Sie mit Sicherheit in der vergangenen Zeit gute Arbeit geleistet.

**Als Führungskraft im alten Betrieb werden Sie nun mit verschiedenen Aspekten konfrontiert:**

## • Konkurrenz

Aller Wahrscheinlichkeit nach gibt es Mitbewerber um Ihre neue Position. Wie gehen Sie mit dieser Konkurrenz um?
Machen Sie sich immer wieder bewusst, dass Konkurrenten innerhalb des Unternehmens nur darauf warten, dass Ihnen ein grober Fehler unterläuft. Sie können hier das offene Gespräch mit den Konkurrenten suchen und klarstellen, dass Ihnen ein konstruktiver Umgang miteinander sehr wichtig ist. Versuchen Sie die Konkurrenten aktiv mit in den Geschäftsalltag einzubinden. Übertragen Sie ihnen Eigenverantwortung, denn so fühlen sie sich wertgeschätzt.

### • Freundschaft

Im Laufe der Zeit entstehen im Allgemeinen in jedem Unternehmen Freundschaften unter den Mitarbeitern. Nun sind Sie als neue Führungskraft im alten Betrieb jedoch auf der „anderen Seite".

Natürlich können Sie bisherige Freundschaften weiterpflegen, doch Sie müssen Berufliches und Privates ganz klar separieren. Auch die Anrede spielt eine wichtige Rolle: Wenn Sie Kollegen bisher geduzt haben, können Sie das nicht von einem Tag auf den anderen einfach ändern. Bei neuen Mitarbeitern sollten Sie sich aber für die Sie-Anrede entscheiden.

### • Team

Wenn Sie nun eine Führungskraft im alten Unternehmen sind, dann haben Sie einen entscheidenden Vorteil: Sie kennen Ihre ehemaligen Teamkollegen – mit allen Schwächen und Stärken. Sie wissen, wer loyal ist, wer ehrlich ist und sich engagiert und ebenso, wer sich drückt oder eine Extraportion Motivation braucht. Ihre Aufgabe ist es nun, die einzelnen Mitarbeiter entsprechend ihrer Stärken einzusetzen und ihnen die richtigen Aufgaben zuzuweisen. Sie müssen Arbeiten also clever delegieren.

### • Klare Abgrenzung

Eine klare Abgrenzung zum Team ist sehr wichtig! Es kann sein, dass dem ein oder anderen Mitarbeiter Ihre neue Rolle noch nicht ganz klar ist, aus welchen Gründen auch immer. Doch zu einem guten Führungsstil gehört auch, sich ausreichend Respekt zu verschaffen: Kommunizieren Sie klar! Sprechen Sie mit schwierigen Mitarbeitern, die Ihre Rolle unter Umständen in Frage stellen, über Ihre Position in einem persönlichen Gespräch.

Machen Sie deutlich, worin Sie die Tätigkeiten und Verantwortlichkeiten Ihrer Mitarbeiter sehen. Wer langfristig ein Problem mit Ihrer neuen Vorgesetztenrolle hat, sollte sich überlegen, die Abteilung oder das Unternehmen zu wechseln.

**• Interne Konflikte**

Es ist sehr wichtig, dass Sie als neue Führungskraft keine Konflikte scheuen. Eine gute Führungskraft muss auch mal unliebsame Entscheidungen fällen und auch mal schlechtere Laune bei den Mitarbeitern riskieren. Auch Überstunden sind manchmal notwendig, um Unternehmensziele zu erreichen und müssen demnach von Ihnen als Leader angeordnet werden – auch wenn Sie dafür nicht immer Beifall ernten werden.

## Ihre neue Rolle als Führungskraft – Checkliste

**✓ Reflektieren Sie sich immer wieder selbst!**

- Nehmen Sie sich ausreichend Zeit, um Ihre eigenen Schwächen und Stärken zu analysieren.
- Fragen Sie sich immer wieder, wohin Ihr Karriereweg gehen soll:

**a. Persönlich**

- ➢ Was kann ich und was möchte ich erreichen?
- ➢ Welche Wertvorstellungen bringe ich mit?
- ➢ Welche innere Haltung besteht bei mir gegenüber speziellen Situationen?

**b. Unternehmensintern**

- ➢ Welche Ziele möchte ich erreichen?

➢ Was möchte ich im Unternehmen bewegen und was will ich verändern?

**c. Personell**

➢ Welcher Führungsstil ist der richtige für mich?

➢ Welche Erwartungen habe ich an mein Team?

➢ Welcher Mitarbeiter ist für welche Aufgabe geeignet?

**✓ Signalisieren Sie auch gegenüber Ihren Vorgesetzten, dass Sie bereit sind, die neue Rolle als Leader anzunehmen!**

- Klären Sie mit der obersten Führungsebene ab, welche Erwartungen an Sie künftig gestellt werden.

**✓ Klären Sie bereits im Vorfeld ab, welche Verantwortlichkeiten auf Sie zukommen, aber auch welche Befugnisse und Rechte Sie haben. Wo ist die Begrenzung Ihres Handlungsspielraums?**

- Führen Sie mit Ihren Vorgesetzten klare Zielvereinbarungsgespräche, denn auf dieser Grundlage können Sie die Erwartungen, die an Sie gestellt werden, exakt ermitteln.
- Muten Sie sich nicht zu viel zu! Geben Sie sich Zeit, in Ihre neue Rolle hineinzuwachsen und erbitten Sie sich diese Eingewöhnungsperiode auch von Ihren Vorgesetzten!

**✓ Nehmen Sie an einem Coaching für neue Führungskräfte teil!**

- Denken Sie daran, dass eine gründliche Vorbereitung das solide Fundament für Ihren Erfolg in der neuen Rolle ist.

- Nehmen Sie Ihre Vorbereitung selbst in die Hand und lassen Sie sich nicht mit Sprüchen wie „Das werden Sie schon schaffen" vertrösten.
- Fragen Sie Ihren Arbeitgeber, ob er solche Fortbildungsmaßnahmen bezuschusst. Alternativ bieten viele Volkshochschulen, Industrie- oder Handelskammern Coachings für Führungskräfte an.

**✓ Planen Sie richtig und informieren Sie sich immer umfassend!**

- Erstellen Sie sich einen Plan über die nun anstehenden To-dos. Erfassen Sie für sich die Unternehmensziele.
- Informieren Sie Ihre Mitarbeiter so bald wie möglich, was Sie künftig gern verändern wollen und was beim Alten bleiben soll.
- Bleiben Sie bei Ihren Zielsetzungen an die Mitarbeiter und an sich selbst immer realistisch! Haben Sie ausreichend Geduld, vor allem mit Ihrer eigenen Person! Geben Sie auch Ihrem Team die notwendige Zeit, um sich an die neue Unternehmenssituation zu gewöhnen.

### 1.2. Im neuen Betrieb

Wenn Sie bei einem ganz neuen Arbeitgeber eine Führungsposition übernehmen, kommt eine ganz neue Situation auf Sie zu. Sie tragen künftig die Verantwortung für unternehmensinterne Abläufe, Dienstleistungen und Produkte, die Sie noch nicht genau kennen. Aller Wahrscheinlichkeit nach sind Ihnen auch sämtliche Kollegen und Mitarbeiter fremd. Somit fehlt Ihnen also noch das unterstützende Netzwerk. Hier ist eine sorgfältige Vorbereitung noch wichtiger: Planen Sie genau und stellen Sie all Ihre Sinne auf Empfang ein.

**Die wichtigsten Tipps für Ihre Rolle als Führungskraft im neuen Unternehmen**

### ✓ Berufen Sie ein Auftakt-Meeting ein

- Berufen Sie ein erstes Meeting mit der ganzen Mannschaft ein und verkünden Sie offen, welche Ziele Sie anstreben. Besprechen Sie auch, welche Hürden und Herausforderungen Sie sehen.
- Erklären Sie dem Team, warum Sie die Stelle angetreten haben und berichten Sie auch gern kurz von Ihrem bisherigen Werdegang. Sprechen Sie auch persönliche Wertvorstellungen an, also das, was Sie schätzen, was Sie mögen und was eben nicht.
- Sagen Sie einige Sätze zu sich selbst und zu Ihrer Vorstellung der Mitarbeiterführung.
- Auf diese Weise haben die Angestellten die Möglichkeit, Sie besser kennenzulernen und wissen, woran sie bei Ihnen sind.

### ✓ Seien Sie sympathisch, ehrlich und offen

- Wenn Sie Ihrem Chef und Team vorgestellt werden, sollten Sie versuchen, so sympathisch wie möglich zu wirken. Strahlen Sie Positivität und Offenheit aus, denn auf diese Weise können Sie Ihr Team für sich gewinnen.
- Sie können einen positiven Gesamteindruck erzielen, wenn Sie zum Beispiel zu jedem einzelnen Mitarbeiter Blickkontakt aufbauen. Achten Sie darauf, keineswegs überheblich zu wirken. Auch eine gerade, aufrechte Körperhaltung sowie ein fester Händedruck sind sehr wichtig. Hören Sie Ihren Mitarbeitern unbedingt interessiert zu und sprechen Sie nicht zu viel von sich selbst.

### ✓ Treten Sie Ihren Mitarbeitern gegenüber verbindlich auf

- Signalisieren Sie von Anfang an, dass Sie sich auf die gemeinsame Zusammenarbeit sehr freuen und schon sehr gespannt auf jeden Einzelnen sind.

### ✓ Motivieren Sie Ihre Mannschaft für die anstehenden Aufgaben

- Fragen Sie in die Teamrunde, ob es offene Fragen oder Anregungen gibt. Lehnen Sie sich ruhig zurück, schauen Sie gelassen in die Runde und hören Sie Ihren Mitarbeitern zu. Auf diese Weise fällt es auch den Mitarbeitern leichter, Fragen zu stellen. Das Ziel des ersten Meetings ist immer, einander besser kennenzulernen und das Team zu motivieren. Hier soll die Lust auf die Zusammenarbeit und die anstehenden Projekte geweckt werden. Erzeugen Sie sozusagen eine positive Aufbruchstimmung.

- Tragen Sie nicht zu vorschnell Ihre vielen Erwartungen vor. Denken Sie auch daran, dass die Mitarbeiter Ihre Mimik und Gestik genau beobachten. Seien Sie daher ganz natürlich und strahlen Sie Positivität, Optimismus und Professionalität aus.

### ✓ Beziehen Sie eine neutrale Stellung zum Vorgänger / Vorgängerin

- Stellen Sie Ihrem Vorgesetzten ruhig Fragen zum Vorgänger. Warum hat sie oder er das Unternehmen eigentlich verlassen? War es eine freiwillige Entscheidung oder eine unternehmensbedingte Kündigung? Welche Erfolge konnte die Vorgängerin oder der Vorgänger im Team verzeichnen?

- Achten Sie aber im Gespräch darauf, eine neutrale Haltung einzunehmen. Lassen Sie sich beispielsweise nicht dazu verleiten, mit dem Vorgesetzten oder den Mitarbeitern über die Misserfolge oder Fehler des Vorgängers zu sprechen. Versuchen Sie kritische Äußerungen der anderen diplomatisch zu übergehen. Sie könnten zum Beispiel erwidern: „Alles hat seine Zeit. Wir sollten nun alle positiv in die Zukunft blicken."

- Stehen Sie von Beginn an für Ihre Werte ein und verhalten Sie sich loyal. Gestatten Sie Ihren Mitarbeitern, die Ihrem Vorgänger sehr viel Wertschätzung entgegenbrachten, ihr positives Bild über diesen aufrechtzuerhalten. Sie sollten die Leistung Ihres Vorgängers keinesfalls in Frage stellen. Wenn Sie sich daran halten, wird Ihnen Ihr neues Team mit Wertschätzung entgegentreten und Sie von Anfang an sympathisch finden.

### ✓ Versuchen Sie nicht, der Kumpel zu sein

- Versuchen Sie bitte nicht, gleich im Auftaktmeeting den Kumpel heraushängen zu lassen. Sie sind der Vorgesetzte und in dieser Rolle sollten Ihre Mitarbeiter Sie auch sehen.
- Sie sollen das Unternehmen professionell leiten, Verantwortung übernehmen, wichtige Entscheidungen fällen, kontrollieren und kompetent agieren. Hierfür braucht es zwar eine gewisse Nähe, aber auch eine Distanz. Eine gute Führungskraft beweist hier das richtige Fingerspitzengefühl und findet die „goldene Mitte".

### ✓ Werfen Sie nicht gleich alles um!

- Agieren Sie stets professionell und vorbildlich. Hören Sie den anderen zu und versuchen Sie auch immer, zwischen den Zeilen zu lesen. Machen Sie sich Notizen über Ihre ersten Beobachtungen im Unternehmen. Stellen Sie nicht schon am ersten Arbeitstag alles in Frage und kündigen Sie auch keine weitreichenden Veränderungen an.

Auf diese Weise erzeugen Sie nur Unsicherheit und Unmut bei Ihrem Team.

✓ **In sehr vielen Unternehmen gibt es Mitarbeiter, die gar nicht konkret wissen, was von ihnen erwartet wird.**

- Ähnlich geht es auch vielen Leadern. Klären Sie daher im Vorfeld ganz genau die Erwartungen ab, die an Sie herangetragen werden. Nur so wissen Sie, worauf Sie sich einzustellen haben und welche Verantwortung Sie in welchem Unternehmensbereich übernehmen müssen.

- Sorgen Sie auch im Idealfall dafür, dass alle formellen Aspekte Ihrer neuen Führungsposition schriftlich festgehalten werden. Das kann beispielsweise in Form einer schriftlichen Tätigkeitsbeschreibung geschehen.

✓ **Verzetteln Sie sich nicht zwischen persönlichen und professionellen Ansprüchen.**

- Bewahren Sie sich einen klaren Blick für das innerbetriebliche Geschehen und betrachten Sie die internen Firmenabläufe mit einer gewissen Distanz. Distanz zu wahren bedeutet keinesfalls, überheblich, arrogant oder gar abweisend zu sein. Ganz im Gegenteil: Wer von Anfang an den großen Chef heraushängen lässt, verliert schnell den Sympathiefaktor bei den Mitarbeitern.

✓ **Halten Sie Ohren und Augen stets offen und achten Sie auch auf Mitarbeiter, die durch persönliche Nähe oder Freundlichkeiten gewisse Vorteile erreichen wollen.**

✓ **Es ist keine Schwäche, die neuen Kollegen und Mitarbeiter nach den internen Prozessen, Zusammenhängen und Fakten zu befragen.**

- Sie wirken deutlich souveräner, wenn Sie eine gewisse Lernbereitschaft signalisieren und nicht von vornherein vorgeben, alles bereits zu wissen, zu kennen und zu beherrschen. Mit einer solchen Haltung verschaffen Sie sich deutlich mehr Sympathiepunkte. Vermeiden Sie also Selbstüberschätzung und geben Sie sich nicht als Überflieger aus.

✓ **Finden Sie so schnell wie möglich heraus, welche unausgesprochenen Regeln oder informellen Strukturen am neuen Arbeitsplatz herrschen.**

✓ **Versuchen Sie gleich zu Beginn in einen positiven Austausch mit gleichrangigen Kollegen der Führungsebene zu kommen und begegnen Sie ihnen sympathisch und aufgeschlossen.**

- Treffen Sie sich beispielsweise gern zum Mittagessen und stellen Sie auch offene Fragen, so zum Beispiel, welche Werte unternehmensintern besonders geschätzt werden oder welche Fettnäpfchen es zu vermeiden gilt. Wie ist der Umgang miteinander und wie wird der innerbetriebliche Informationsaustausch geführt? Von Ihren neuen Kollegen können Sie sehr viel erfahren und das gibt Ihnen Sicherheit für Ihren Start.

## 2. WAS „YOUNG PROFESSIONALS" BEACHTEN SOLLTEN

Young Professionals sind qualifizierte, engagierte und motivierte Mitarbeiter jüngeren Alters, die erst vor wenigen Jahren ihren Hochschul- oder Fachhochschulabschluss erlangt haben. Sie bilden eine Hauptzielgruppe auf dem Arbeitsmarkt.

Young Professionals sind begehrt und ihnen stehen viele verschiedene berufliche Karrierewege offen. Es ist also äußerst wichtig, dass die jungen Mitarbeiter ihr Eigenpotenzial nicht vergeuden.

Auf der anderen Seite ist es aber auch unerlässlich, dass Young Professionals ihre Leistungen nicht unter Wert verkaufen. Sie müssen ausreichend hohe Ansprüche stellen und nicht das erstbeste Angebot unüberlegt annehmen. Es geht schließlich wesentlich darum, die eigene Karriere zu pushen. Klingt komplex? Keine Sorge, das ist es nicht. Mit der nötigen Portion Engagement und einer cleveren Strategie können Sie in großen Schritten vorwärtskommen.

**Hier möchte ich Ihnen einige Tipps geben, wie Sie als junge Fachkraft beruflich weit kommen:**

### Finden Sie die ideale Work-Life-Balance

Eine hohe Motivation und ein großer Ehrgeiz sind die beiden Hauptfaktoren, die junge Fachkräfte in den ersten Berufsjahren dazu bringen, sich voll und ganz in die Arbeit zu stürzen. Das mag zunächst sinnvoll klingen, denn schließlich geht es darum, einen optimalen Berufsstart zu erzielen und die eigenen Ziele rasch zu erreichen. Doch das kann auch zu einem nicht unerheblichen Problem werden.

Was einige Zeit gut geht, kann sich schon sehr bald rächen: In diesem Zusammenhang taucht immer wieder der Fachterminus „Work-

Life-Balance“ oder auch „Work-Life-Flow“ auf. Damit ist im Grunde nichts anderes als die ideale Herangehensweise an Freizeit und Arbeit gemeint. **Dazu gehören folgende Merkmale und Aspekte**:

- Ein flexibler Umgang mit dem Arbeitsort und der Arbeitszeit
- Ein fließender Übergang von der Arbeitszeit in die Freizeit
- Die richtige Integration des Berufs in das gesamte Lebenskonzept
- Flexibles und selbstbestimmtes Arbeiten und auch die Fähigkeit, abzuschalten
- Die ideale Arbeits- und Freizeitgestaltung, die perfekt zu den eigenen Lebensvorstellungen passt

Es geht hier also wesentlich darum, die Arbeits- und Lebensverhältnisse individuell zu gestalten. Mit Sicherheit sind persönlicher Ehrgeiz und Engagement sehr wichtig, doch die Gesundheit darf nicht zugunsten des beruflichen Erfolgs auf der Strecke bleiben. Ohne eine richtige Basis ist keine erfolgreiche Berufskarriere möglich, denn Glück und Zufriedenheit spielen am Ende eine maßgebliche Rolle.

### Richtig ins Berufsleben einsteigen

Young Professionals sehen sich häufig mit vielen beruflichen Möglichkeiten konfrontiert. Aus diesem Grund ist es von zentraler Bedeutung, die verschiedenen Optionen erst einmal in Ruhe zu analysieren und die Möglichkeiten auszuwählen, die den eigenen Erwartungen am besten entsprechen und sich am besten mit den eigenen Zielen decken.

Sehr beliebt sind beispielsweise Trainee-Programme: Damit bereiten Unternehmen vielversprechende Nachwuchstalente auf Führungspositionen vor und arbeiten diese effizient und umfassend ein.

Einige Firmen scheuen für solche Ausbildungen auch keinerlei Kosten und möchten sich als Arbeitgeber sogar langfristig an die Young

Professionals binden, denn auf diese Weise können sie das Know-how im eigenen Haus behalten.

Solche Trainee-Programme sind sehr beliebt und von äußerst vielen Bewerbern gefragt. Aus diesem Grund ist es unentbehrlich, sich im Vorfeld so gut wie nur möglich zu informieren. Bereiten Sie sich auf die Aufgaben vor und schicken Sie auch Bewerbungen für andere Stellen ab, um Ihre Chancen noch mehr zu erhöhen.

### Kein „Tag der offenen Tür"

Als Young Professional möchten Sie natürlich präsent sein und sich um alle Belange Ihres Teams kümmern. Das ist sehr löblich und auch wichtig, dass Sie sich für die Bedürfnisse der Mitarbeiter interessieren. Dennoch sind Aussagen wie: „Sie können jederzeit zu mir kommen, wenn Sie etwas auf dem Herzen haben" der falsche Weg. Durch ungeplante Gespräche, die zeitlich stark ausufern können, bringen Sie Ihren gesamten Tagesablauf gehörig durcheinander. Im schlimmsten Fall kommen Ihre wichtigen Aufgaben zu kurz und Sie erreichen angedachte Ziele nicht mehr beziehungsweise nicht mehr in der vorgegebenen Zeit.

Wesentlich sinnvoller sind geplante Mitarbeitergespräche. Auf diese Weise ist ein konzentriertes Arbeiten für alle Seiten möglich.

### Versuchen Sie Experten in ihren Fachkenntnissen nicht überbieten zu wollen

Denken Sie daran, dass Sie noch am Anfang stehen und vor allem von langjährigen Führungskräften viel lernen können. Ganz egal, ob es um Ziele, Delegieren oder ein cleveres Zeitmanagement geht: Hören Sie Experten aufmerksam zu und versuchen Sie nicht der Allwissende zu sein.

# 3. AUFGABEN RICHTIG DELEGIEREN

Eine Fähigkeit von Führungskräften besteht im Delegieren von Aufgaben. Der Arbeitsalltag als Leader ist von Terminen, Meetings und Entscheidungen geprägt. Wohl jeder Leader wünscht sich vermutlich mehr Zeit im Alltag. Hierbei spielt das Delegieren eine entscheidende Rolle. Nur weil Sie eine Führungskraft sind, heißt das natürlich nicht, dass nur Sie alle anfallenden Aufgaben erledigen können. Sie haben bestimmt ein tolles Team um sich herum, das durchaus in der Lage wäre, Ihnen im Arbeitsalltag zu helfen. Delegieren ist hier das entscheidende Instrument, damit Sie sich wieder voll und ganz auf Ihren Alltag als Leader fokussieren können und sich so auch zeitliche Freiräume schaffen.

---

***Was genau versteht man unter Delegieren?***

*Delegieren heißt, Kompetenzen, Aufgaben oder auch Verantwortungen an andere Mitarbeiter oder Teams abzugeben. Die Führungskraft überträgt also verschiedene Projekte und Aufgaben an jemand anderen.*

---

Nicht jede Führungskraft ist aber in der Lage, Aufgaben an andere abzugeben. Hierbei spielen verschiedene Faktoren eine Rolle. Es gibt zum Beispiel Leitende, die Angst davor haben, die Kontrolle an jemanden abzugeben oder anderen nicht zutrauen, Aufgaben korrekt erledigen zu können.

Genau das gleiche Problem besteht aber auch, wenn Vorgesetzte gern sämtliche Aufgaben delegieren, damit sie damit nichts mehr zu tun haben.

Beide Verhaltensweisen entsprechen leider nicht dem richtigen Delegieren.

**Das Delegieren**

Seien Sie sich über eines im Klaren. Nur weil Sie eine Führungskraft sind, heißt das nicht, dass Sie alles allein erledigen müssen. Für viele Führungskräfte ist es eine schöne und auch wertvolle Erfahrung, wenn sie sehen, dass sie mit den Aufgaben nicht allein sind. Sie müssen nicht alles können und auch wenn Sie ein Leader sind, heißt das nicht, dass Sie keine Schwächen haben dürfen.

So viele Menschen, wie es auf der Erde gibt, so viele Talente und Kompetenzen gibt es. Sie haben Ihre Qualitäten und Fähigkeiten, können diese aber auch mit den Fähigkeiten von anderen ergänzen und so zu einem großen Ganzen werden.

Beim fehlenden Delegieren haben Menschen mitunter den Anspruch an sich, dass nur sie selbst diese Aufgabe erledigen können. Hier verbirgt sich aber eine Falle. Wenn Sie immer alle Aufgaben allein erledigen, fehlt Ihnen diese wichtige Zeit für weitere Projekte. Sie halten sich womöglich mit Kleinigkeiten auf, die auch andere Teammitglieder für Sie erledigen können. So hätten Sie mehr Zeit und Spielraum für andere wichtige Aufgaben.

Delegieren ist wichtig, damit Sie effizient und auch effektiv arbeiten können.

**Das Abgeben von Aufgaben hat viele Vorteile:**

- Sie können sich wieder auf wichtige Aufgaben und Projekte fokussieren.
- Ihre Leistungsfähigkeit wird gesteigert und Sie erzielen bessere Ergebnisse, da Sie sich mehr auf die wichtigen Aufgaben konzentrieren.
- Sie fühlen sich nicht mehr so gestresst.

- Sie erwerben wertvolle Kompetenzen in der Mitarbeiterführung und Ihre sozialen Kompetenzen verbessern sich.
- Ihre Mitarbeiter sind motiviert, indem sie Verantwortung erhalten und auch das Gefühl haben, Aufgaben erledigen zu dürfen.
- Durch das Delegieren an die richtigen Mitarbeiter erhalten Sie bestmögliche Ergebnisse. Es ist immer wichtig, dass Aufgaben von „Spezialisten" erfüllt werden und diese ihre ganze Arbeitskraft in die Erledigung der Projekte legen.
- Mehrere Aufgaben und Projekte können gleichzeitig erledigt werden.

**Richtige Delegieren – diese Voraussetzungen sollten vorliegen**

Nicht jede Führungskraft ist sofort in der Lage, Aufgaben zu delegieren. Für viele ist es gerade am Anfang besonders schwer zu erkennen, dass nicht nur sie diese Aufgaben erledigen können. Diese Erkenntnis setzt also einen gewissen Mut und auch die Bereitschaft voraus, eine gewisse Fehlbarkeit der eigenen Person zu akzeptieren.

### Warum haben viele Vorgesetzte Probleme damit, Aufgaben zu delegieren?

- Sie haben Angst davor, dadurch an Kompetenz zu verlieren.
- Sie trauen den Teammitgliedern nicht zu, ebenso gute Ergebnisse erzielen können.
- Sie befürchten, dass es zu viel Zeit in Anspruch nimmt, anderen die Aufgaben zu erklären.
- Viele Führungskräfte haben Angst davor, die Kontrolle darüber zu verlieren, wie die Aufgaben erledigt werden und was passiert.
- Sie glauben, schneller zum Ergebnis zu kommen, wenn sie die Aufgaben gleich allein erledigen, da sie ja wissen, wie es funktioniert.

- Sie haben Angst davor, dass ihnen der Überblick abhandenkommt, wenn zu viele Mitarbeiter in Projekten und Aufgaben involviert sind. Ganz nach dem Motto: „Zu viele Köche verderben den Brei.“

Damit Sie als Führungskraft effektiv und effizient arbeiten, sollten Sie sich mit diesem Thema auseinandersetzen. Bevor Sie Aufgaben delegieren, sollten Sie sich allerdings von solchen Fehlgedanken befreien. Diese bringen weder Sie persönlich noch das Unternehmen weiter.

Machen Sie sich die drei wichtigsten Eigenschaften Mut, Vertrauen und Charakterstärke zu eigen. Dadurch können Sie es schaffen, Aufgaben erfolgreich an Teammitglieder zu delegieren und holen so das Beste für das Unternehmen heraus.

### Unternehmenspraxis

Gerade dann, wenn Sie als Führungskraft und Unternehmer noch keine großen Erfahrungen sammeln konnten oder Sie neue Mitarbeiter im Unternehmen haben, ist das Delegieren oft noch ungewohnt. Doch nicht nur für Sie als Führungskraft ist es eine neue Herausforderung und ein Lernprozess, Aufgaben zu delegieren, sondern auch für Ihr Team. Jeder Mitarbeitende fühlt sich in seinen Fähigkeiten wertgeschätzt, wenn er Aufgaben übertragen bekommt. Das ist für Unternehmen ein wichtiges Mittel, um Arbeitnehmer an sie zu binden. Wenn Sie stattdessen immer nur Routineaufgaben delegieren, kann schnell Frust bei den Beteiligten aufkommen, da sie sich nicht ausreichend respektiert fühlen.

Ein neuer Mitarbeiter kann zudem durch wechselnde Aufgaben auch verschiedene Unternehmensbereiche kennenlernen und sich weiterentwickeln.

**Bevor Sie mit dem Delegieren beginnen, sollten Sie sich die nachfolgenden 5 W-Fragen stellen:**

- Wieviel möchten Sie delegieren?
- Welche Aufgaben möchten Sie delegieren?
- Wer soll diese Aufgaben ausführen?
- Wie intensiv muss diese Person eingearbeitet werden, damit sie die Aufgaben erledigen kann?

Es kann sein, dass Sie sich gerade bei neuen Teammitgliedern noch schwertun, alle Fragen zu beantworten. Das ist überhaupt kein Problem. Sie werden sehen, dass es mit der Zeit immer einfacher wird, die Menschen einzuschätzen und dementsprechend auch gezielt einzusetzen. Versuchen Sie, sich vor dem Delegieren immer diese W-Fragen zu stellen. So können Sie genau die richtige Arbeitskraft für die Aufgaben finden.

### Die wichtigen 5 Steps zwischen Leader & Mitarbeiter, um Aufgaben zu delegieren

Die nachfolgenden Steps sind die Stufen des Delegierens. Das Ziel besteht darin, mit Ihrem Team die 5. Stufe zu erreichen.

#### 1. Step 1: Aufgabenverteilung

Das ist die erste Stufe des Delegierens. Der Leitende überträgt eine bestimmte Aufgabe an den Mitarbeiter. Das Teammitglied muss hier noch keine eigenen Ideen einbringen oder Entscheidungen treffen. Der Leader stellt alle Hilfsmittel und Informationen so bereit, dass der Mitarbeiter darauf zurückgreifen kann.

**2. Step 2: Der Mitarbeiter setzt sich mit der Aufgabe auseinander**

Dieser zweite Schritt ist sehr wichtig, damit Vorgesetzter und Mitarbeiter sich immer weiter ergänzen können. Hierbei geht es darum, dass der Mitarbeiter sich in das Thema intensiv einarbeitet. In diesem Stadium entwickelt er dazu eigene Ideen und Vorschläge. Die nachfolgende Stufe dient dem Austausch dieser Ideen.

**3. Step 3: Themenvorschläge des Mitarbeiters**

Sind Sie bei dieser Stufe angelangt, so kann das Teammitglied Ihnen bereits Vorschläge und Ideen für die Umsetzung der Aufgabe und eventuelle Alternativen nennen. Der Mitarbeiter hat sich in das Thema eingearbeitet und kann hier auch neue Wege aufzeigen. In dieser Stufe sollte das Teammitglied bereits in der Lage sein, Ihnen Begründungen zu liefern, warum er bestimmte Vorgehensweisen wählen würde.

**4. Step 4: Entscheidungskompetenzen mit Feedbackgesprächen**

Ist Ihr Mitarbeiter in dieser Stufe angekommen, so kann er bereits die ersten eigenständigen Entscheidungen treffen. Wichtig ist hierbei, dass Feedback- und Mitarbeitergespräche stattfinden, bei denen das weitere Vorgehen besprochen wird.

**5. Step 5: Eigenständige Entscheidungen**

Sind Sie mit Ihrem Mitarbeiter bei dieser Stufe angekommen, dann befinden Sie sich auf einem sehr guten Weg. In diesem Stadium vertraut der Vorgesetzte dem Mitarbeiter voll und ganz. Das Teammitglied ist ab jetzt in der Lage, eigene Entscheidungen zu treffen, ohne sich diese jeweils absichern zu lassen. Natürlich steht der Leader immer mit Rat und Tat zur Seite, aber der Mitarbeiter kann hier eigenmächtig entscheiden. Der Leader hat die Aufgaben in vollem Umfang abgegeben und kann sich nun wichtigen anderen Projekten widmen.

Ganz entscheidend für erfolgreiches Delegieren ist aber, dass Sie den individuellen Mitarbeiter immer im Blick behalten. Es gibt solche, für die es kein Problem darstellt, bis zu Step 5 zu gelangen. Bei anderen hingegen dauert es etwas länger und sie kommen nicht über die Stufe 3 hinaus. Nehmen Sie sich die Zeit, um zu analysieren, woran es liegt und bleiben Sie mit Ihren Mitarbeitern im Gespräch.

### Die richtigen Aufgaben delegieren

Es gibt im Unternehmen eine Vielzahl von verschiedenen Aufgaben. Bevor Sie hier etwas an Ihre Mitarbeiter abgeben, sollten Sie zuerst einmal die Aufgaben genauer anschauen.

- Gibt es Aufgaben, die nur Sie als Leader erledigen können? Welche sind das?
- Welche Aufgaben sollten Sie als Führungskraft erledigen, können hier aber auf die Unterstützung von Teammitgliedern zurückgreifen?
- Gibt es Aufgaben, die andere Mitarbeiter vielleicht sogar besser erledigen können als Sie, da diese andere Kompetenzen oder Fähigkeiten besitzen?

Die nachfolgende Technik kann Ihnen bei der Einschätzung helfen. Die „Eisenhower-Methode" wurde vom amerikanischen Präsidenten Dwight D. Eisenhower erfunden. Sie dient dazu, die Aufgaben nach Prioritäten und Dringlichkeit zu unterteilen.

**Beginnen Sie zuerst damit, die Aufgaben zu notieren. Anschließend werden diese folgendermaßen unterteilt:**

- Sind die Aufgaben wichtig oder unwichtig?
- Welche Aufgaben sind besonders eilig oder nicht eilig?

**Anschließend erstellen Sie folgende Grafik für Ihre Aufgaben:**

| | **WICHTIGE AUFGABEN** | **UNWICHTIGE AUFGABEN** |
|---|---|---|
| **EILIGE AUFGABEN** | Erledigen | Delegieren |
| **NICHT EILIGE AUFGABEN** | Terminieren | Ablegen |

- Alle Aufgaben, die **„wichtig und eilig"** sind, werden sofort und noch an diesem Tag von Ihnen erledigt und nicht weitergegeben.
- Aufgaben, die **„nicht eilig, aber wichtig"** sind, können Sie in Ihren Kalender eintragen. Für diese Aufgaben können Sie sich Wiedervorlagen oder Erinnerungen setzen.
- Alle Aufgaben, die **„unwichtig, aber eilig"** sind, können Sie an entsprechende Mitarbeiter delegieren.
- Die **„unwichtigen und nicht eiligen"** Aufgaben können Sie sich auf eine Wiedervorlage legen und zu einem späteren Zeitpunkt erledigen.

Versuchen Sie bewusst, alle Anforderungen immer wieder nach diesem Schema einzuteilen. Oftmals verliert man im hektischen Alltag den Überblick darüber, was wichtig und was unwichtig ist. Damit Sie genau wissen, welche Aufgaben Sie delegieren können, kann Ihnen diese Methode eine Unterstützung sein.

Zudem ist es für die Mitarbeiter eine zusätzliche Motivation, wenn Aufträge vertrauensvoll an sie übertragen werden.

### Es gibt Aufgaben, die können nicht delegiert werden

Natürlich gibt es auch Ausnahmen, bei denen das Delegieren nicht so funktioniert. Falls Sie zum Beispiel selbstständig sind, kann es sein, dass bestimmte Kunden die Dienstleistungen nur von Ihnen erbracht haben möchten. In diesem Fall ist es natürlich schwierig, die Aufgaben an Mitarbeiter zu delegieren, da hier die Kundenzufriedenheit an erster Stelle steht.

Sie können sich aber einmal überlegen, ob es andere Bereiche gibt, die Sie auslagern können. Bei Selbstständigen können das zum Beispiel die Buchhaltung oder das Sekretariat sein. Diese Bereiche können Sie dann an andere Dienstleister „outsourcen". So haben Sie mehr Zeit für Ihr Tagesgeschäft, aber gleichzeitig ist Ihr Kunde zufrieden.

Bevor Sie sich also auch noch um das Sekretariat oder die Buchhaltung kümmern, können Sie in der Zwischenzeit mehr Geld erwirtschaften durch andere Kundenaufträge.

Eine zweite Situation, in der Sie nicht delegieren können, kommt in Unternehmen vor. Die Führungskraft hat einem Mitarbeiter eine gewisse Aufgabe übertragen. In dieser Situation kann der nun Verantwortliche diese Aufgaben natürlich nicht an jemanden abgeben. Aber es gibt Momente, in denen er die Hilfe von Kollegen in Anspruch nehmen kann. Das ist gerade dann sinnvoll, wenn ein Dritter eine bessere Kompetenz in diesem Bereich hat. So können sich die Mitarbeiter untereinander helfen, um diese Aufgabe bestmöglich zu erledigen. Natürlich sollte es dem Vorgesetzten auch mitgeteilt werden, dass hier ein anderer Kollege unterstützt hat.

Es ist zu beachten, Kollegen nicht das Gefühl zu vermitteln, nur unliebsame Aufgaben delegieren zu wollen. Ansonsten fühlen sich Teamkollegen schnell ausgenutzt und nicht wertgeschätzt. Der offene, freundliche und ehrliche Umgang miteinander ist im Team ausgesprochen wichtig. Nur so können alle die bestmöglichen Leistungen abrufen.

# 4. DIE GEHALTSVERHANDLUNG

Wenn es um eine erfolgreiche Gehaltsverhandlung geht, sollten Sie unbedingt darauf achten, **drei gravierende Fehler** zu vermeiden, denn diese wecken nur mögliche Zweifel an Ihrer Fachkompetenz:

**1. Verminderte Flexibilität**

**2. Hohe Nervosität**

**3. Schlechte Argumentation**

Das Thema „Gehaltsverhandlung“ ist nicht nur im Rahmen eines Vorstellungsgesprächs von großer Bedeutung, sondern kommt mit Sicherheit auch nach einigen Jahren der Betriebszugehörigkeit auf. Jeder möchte natürlich mehr Geld verdienen und seine beruflichen Leistungen entsprechend honoriert sehen.

Andererseits sorgen Gehaltverhandlungen auch für ein unangenehmes Grummeln im Bauch, vor allem dann, wenn nicht abzusehen ist, wie die Verhandlungsgespräche verlaufen werden. Anstatt einer Gehaltserhöhung könnte es vom Vorgesetzten auch Kritik hageln. War die Arbeitsleistung bislang ausgezeichnet oder eher mittelmäßig? Kann der Chef im persönlichen Gespräch überzeugt werden?

**Mit ein wenig rhetorischem Know-how und den folgenden wertvollen Tipps sind Sie mit Sicherheit auf dem richtigen Weg!**

### Fangen Sie an...

Ganz egal, ob es um die Verhandlung des Kaufpreises für ein gebrauchtes Fahrzeug oder um eine Gehaltserhöhung geht: Eine Partei muss immer das erste Angebot machen. Und im geschäftlichen Bereich sollten Sie derjenige sein.

Informieren Sie sich im Vorfeld genau darüber, was Ihre Leistung auf dem aktuellen Arbeitsmarkt für einen Wert hat, denn das Eröffnungsgebot ist von zentraler Bedeutung für das Verhandlungsergebnis.

Seien Sie nicht zu überheblich, aber auch nicht zu schüchtern: Nennen Sie ruhig selbstbewusst Ihren Wert und stehen Sie zu Ihren Forderungen.

### Bewahren Sie Ruhe & Gelassenheit

Gehaltsverhandlungsgespräche können schon mal hitzig ablaufen, dennoch sollten Sie immer darauf achten, sachlich zu bleiben. Ganz egal, ob Ihre Gehaltsvorstellungen nur so belächelt werden oder ob Ihnen Ihr Vorgesetzter ein eher unpassendes Angebot macht: Bleiben Sie sachlich, ruhig und denken Sie erst einmal sorgfältig nach.

Sollten die Verhandlungsgespräche scheitern, so wird sich gewiss in absehbarer Zeit eine neue Gelegenheit ergeben, die Sache nochmals aufzugreifen.

Reden Sie auch nicht in einem zu schnellen Tempo und geben Sie nur besonnene Äußerungen von sich. Rechnen Sie damit, dass Ihr Chef alles daransetzen wird, um Ihren Gehaltswunsch doch noch zu minimieren. Bleiben Sie dennoch standhaft und bringen Sie zum Ausdruck, dass Ihr Wunsch nach einer Gehaltsanpassung durchaus gerechtfertigt ist.

Seien Sie keinesfalls impulsiv, sondern bewahren Sie die nötige Ruhe: Damit haben Sie die besten Chancen, als Sieger aus den Verhandlungen hervorzugehen.

### Achten Sie auf ein selbstbewusstes Auftreten

Bringen Sie im Gesprächsverlauf klar zum Ausdruck, was Sie bislang schon für das Unternehmen geleistet haben. Verdeutlichen Sie zudem, wie wichtig Ihre Person sowohl für den gegenwärtigen als auch für den künftigen wirtschaftlichen Unternehmenserfolg ist. Ihr Arbeitgeber wird die aktuellen Umsatzzahlen und das Wissen um das Unternehmenswachstum mit Sicherheit auf dem Schirm haben.

Anhand Ihrer Ausführungen wird Ihr Vorgesetzter erkennen, inwiefern Sie sich mit seinem Betrieb und der Unternehmensphilosophie identifizieren und wie intensiv Sie sich für den Firmenerfolg einsetzen. Sie gelten somit als Vorbild für andere Mitarbeiter in puncto Fleiß und Engagement: Das stärkt Ihre Verhandlungsposition natürlich deutlich.

### Erarbeiten Sie eine schlüssige und schlagfertige Argumentation

Eine sorgfältige Vorbereitung auf das Gespräch zur Gehaltsverhandlung ist das A und O.

Bereiten Sie vor allem Ihre Argumentation sehr gut vor und seien Sie auch immer in der Lage, Gegenargumentationen zu entkräften.

Denken Sie sorgfältig darüber nach, mit welchen Argumenten Ihr Vorgesetzter eine Gehaltsanpassung abschmettern könnte. Notieren Sie sich am besten alle Aspekte und möglichen Gründe, die Ihnen dazu einfallen. Versuchen Sie anschließend passende Gegenargumente zu finden: Auf diese Weise haben Sie immer die passenden Antworten parat und können im Gehaltsverhandlungsgespräch selbstbewusst auftreten.

### Heben Sie nicht ab...

Für den Erfolg einer Gehaltsverhandlung ist ein realistisches Angebot die absolute Basis. Wenn Sie bei Ihrem aktuellen Arbeitgeber bleiben möchten, sind zwischen 3 und 10 Prozent mehr möglich. Im Rahmen eines Arbeitgeberwechsels können auch schon mal bis zu 20 Prozent mehr Gehalt drin sein. Das ist vor allem dann der Fall, wenn Ihr neuer Arbeitgeber Sie aus dem jetzigen Unternehmen abwirbt.

## 5. UMGANG MIT STRESS & DRUCK

Damit es gar nicht erst zu einem Burn-Out kommt, sollten Sie rechtzeitig auf Stresssignale im Job achten und diese gezielt beseitigen.

Jeder Mensch kann sehr gut für sich allein ermitteln, ob er gestresst ist oder nicht. Analysieren Sie doch mal in einer ruhigen Minute, ob Sie noch ausreichend Energie und Lust für andere Dinge als Arbeit in Ihrem Leben haben? Denken Sie nur an die Arbeit, an lange To-do-Listen und Verpflichtungen? Können Sie noch wirklich Spaß, Ausgelassenheit und entspannte Momente mit Familien und Freunden genießen? Stellen Sie immer wieder Ihre Hobbys, Ihre persönlichen Interessen und Ihr soziales Leben hinter den Job? Leiden Sie unter psychosomatischen Beschwerden wie etwa Müdigkeit, Abgeschlagenheit, Energielosigkeit und Vitalitätsverlust? Haben Sie Schlafstörungen oder häufige Kopfschmerzen?

Solche Warnzeichen können durchaus auf Erschöpfungszustände und übermäßige Stressbelastungen hinweisen. In einem solchen Fall müssen Sie dringend das Ruder herumreißen und einen neuen Kurs einschlagen.

**Ich möchte Ihnen hier noch einige Tipps mit auf den Weg geben, die Ihnen dabei helfen, Druck und Stressbelastungen standzuhalten:**

### Geben Sie auf sich Acht und reduzieren so Ihren Stresspegel

Beeinflusst der Stress im Arbeitsalltag bereits Ihre Leistungsfähigkeit oder sogar Ihr Privatleben? Spüren Sie negative Auswirkungen auf Ihren gesundheitlichen Zustand? Dann ist es höchste Zeit aktiv zu werden und die Dinge in die Hand zu nehmen! Beginnen Sie damit, auf Ihre emotionale sowie Ihre körperliche Gesundheit zu achten.

- Bewegen Sie sich regelmäßig.
- Machen Sie Entspannungsübungen und Meditationen.
- Auch sanfte Methoden wie QiGong und Yoga können effektiv Stress lindern.
- Essen Sie ausgewogen und schlafen Sie unbedingt ausreichend.

### Reduzieren Sie Stress im Beruf, indem Sie die richtigen Prioritäten setzen.

Droht Sie der Stress am Arbeitsplatz zu erschlagen? Dann ist es äußerst wichtig, die eigene Prioritätensetzung zu überdenken. Möglicherweise können Sie einige Aufgaben delegieren oder interne Abläufe neu organisieren. Prüfen Sie Ihre Verantwortlichkeiten nochmals genau und ermitteln Sie, wo Dinge optimiert werden können.

- Holen Sie sich aktive Unterstützung von Ihren Mitarbeitern.
- Delegieren Sie Aufgaben.
- Achten Sie auf regelmäßige Pausen.
- Erstellen Sie einen passenden Zeitplan für die Bewältigung und Erledigung der täglich anfallenden Führungsaufgaben.
- Achten Sie darauf, sich nicht zu überfordern.
- Halten Sie sich an die To-do-Liste und muten Sie sich keine unnötigen zusätzlichen Aufgaben zu.

### Achten Sie auf ein gutes Konfliktmanagement

Neben der Stressbewältigung ist auch eine professionelle Konfliktlösung von großer Relevanz.

Überall da, wo mehrere Menschen zusammentreffen und zusammen agieren, können Streitereien und Konflikte entstehen. Ein Konflikt muss jedoch nicht zwangsläufig negativ sein, denn oftmals sind es hitzige Diskussionen, die uns nach vorn bringen oder uns eine neue Perspektive auf gewisse Dinge oder andere Personen eröffnen. Konflikte können uns also auch weiterbringen und zu einer Verbesserung der aktuellen Zustände führen. Sie zeigen auf, dass möglicherweise aktuell etwas nicht stimmt und noch optimiert werden kann oder muss.

Herrscht hingegen nur pure Harmonie, so kann es leicht einmal zur Lähmung oder zu einem Stillstand kommen.

### Achten Sie auf ausreichend Pausen, auch im hektischen Geschäftsalltag

Auch im stressigen Geschäftsalltag braucht es kleine Auszeiten. Kurze Pausen fördern die Regeneration Ihres Köpers und vor allem Ihres Geistes. Steigen Sie also bewusst aus den Arbeitsprozessen aus, machen Sie einen kleinen Spaziergang an der frischen Luft oder ein paar leichte Gymnastikübungen in Ihrem Büro.

Sie können auch für einen kleinen Entspannungsmoment sorgen, kurz die Augen schließen und fünf bis zehn Minuten Musik hören. Das senkt den Stresspegel, erneuert Ihren Geist und lässt Sie mit neuer Konzentration weiterarbeiten.

### Schaffen Sie sich eine wohltuende Abendroutine

Bestimmte Rituale helfen am Abend besser abschalten zu können. Der Körper kann nach dem ganzen Alltagsstress entspannen. Gehen Sie nach

Büroschluss noch ein wenig zum Sport oder schaffen Sie sich einen Ausgleich durch einen Spaziergang in der wunderschönen Natur. Auch eine Meditation am Abend kann dem Körper helfen, zur Ruhe zu kommen.

Sie werden merken, dass Sie leichter einschlafen und besser durchschlafen. So können Sie am nächsten Tag voller Vitalität und Energie in den neuen Arbeitstag starten.

## 6. UMGANG MIT KONFLIKTEN

Konflikte gibt es nicht nur im privaten Alltag, sondern auch im beruflichen Miteinander. Überall dort, wo es Menschen gibt, finden auch immer wieder Konflikte statt. Mit Konflikten verbinden wir oftmals negative Gedanken oder Emotionen, dabei muss das nicht immer sein. Konflikte können durchaus eine konstruktive Wirkung entfalten, in dem sie den anderen weiterbringen. Oft helfen Diskussionen oder Konflikte dabei, über einige Dinge nachzudenken. Im hektischen Alltag sind Routinen und Angewohnheiten oftmals eingefahren und wir sehen gar nicht mehr, dass diese nicht gut sind, weder für uns noch für andere. Ein Konflikt kann hier wieder einen neuen Blickwinkel aufzeigen.

Natürlich sind Konflikte nicht immer positiv. Gerade im dienstlichen Miteinander können Konflikte zwischen Vorgesetzen und Mitarbeitern oder innerhalb eines Teams auch zu Problemen führen. Das Betriebsklima kann massiv unter Konflikten leiden und schlussendlich auch die Arbeitsqualität. Das Ziel im Unternehmen sollte immer sein, dass alle Beschäftigten gern zur Arbeit gehen. Anhaltende Konfliktsituationen können dafür sorgen, dass Betroffene sich nicht mehr gern am Arbeitsplatz aufhalten. Das hat nicht nur dienstliche, sondern auch psychische Folgen für die Mitarbeiter. Umso wichtiger ist es, Konflikte ernst zu nehmen und auch zu versuchen, etwas dagegen zu tun. Allenfalls leiden nicht nur die Beteiligten, sondern auch das Unternehmen darunter.

**Ein paar kleine Tipps für die Konfliktlösung:**

- **Hören Sie gut zu**

Bei einem Konflikt ist es wichtig, sich alle Seiten anzuhören. Lassen Sie sich beide Seiten detailliert schildern und versuchen Sie hier Lösungswege zu finden.

- **Konfliktanalyse**

Prüfen Sie genau, warum der Konflikt entstanden ist. Schauen Sie auch genau darauf, ob es sich hier um ein Gruppen-Problem oder ein Interessenkonflikt handelt. Nur wenn Sie wissen, warum dieser Konflikt entstanden ist, können Sie Lösungen finden.

- **Suchen Sie das Einzelgespräch**

Unternehmen Sie den Versuch, mit allen Beteiligten einzeln ein Gespräch zu führen. Lassen Sie sich nochmals in vertrauter Umgebung die Situation schildern. Wichtig ist, dass alle Seiten zu Ihnen als Chef Vertrauen fassen. Seien Sie empathisch. Sobald Ihnen die Mitarbeiter vertrauen, können Sie auch gute Lösungswege finden.

- **Bleiben Sie neutral und sachlich**

In einem Konflikt neigen die Beteiligten oft dazu, die Emotionen hochkochen zu lassen. Alle werden jeweils versuchen, Ihr Vertrauen für sich zu gewinnen. Wichtig ist es daher, als Führungskraft neutral und sachlich zu bleiben. Bewerten Sie die Situation als außenstehende Person und involvieren Sie sich emotional nicht zu sehr. Versuchen Sie Ihre Entscheidungen und Lösungsvorschläge sachlich zu treffen.

## 7. WELCHE FETTNÄPFCHEN SIE UNBEDINGT VERMEIDEN SOLLTEN

Wenn Sie frisch eine Führungsposition bekleiden, beginnt für Sie nun eine sehr lehrreiche und zugleich aufregende Zeit. Es gibt jedoch auch viele Fallen, in die Sie tappen können.

**Hier möchte ich Sie gezielt auf einige Stolpersteine vorbereiten, damit Sie zielsicher agieren und eine erfolgreiche Führungskraft werden:**

### Fettnäpfchen 1 – in den ersten 3 Monaten alles auf den Kopf stellen

Wird in einem Unternehmen eine Führungsposition neu besetzt, so verspricht sich der Vorstand oder die Geschäftsleitung davon zahlreiche positive Veränderungen. Unter Anbetracht dieser hohen Erwartungshaltung verfallen sehr viele Führungskräfte in einen wahren Tatendrang. Doch hier ist die Gefahr gegeben, sich zu intensiv mit sich selbst und der eigenen Karriere zu beschäftigen, anstatt das gesamte Team miteinzubeziehen.

**Aus diesem Grund sollten Sie die ersten Wochen lieber für Mitarbeitergespräche nutzen und sich ganz allgemein einen umfassenden Überblick über das unternehmensinterne Geschehen verschaffen:**

- Wie ist die Zusammenarbeit zwischen den Mitarbeitern?
- Welche Aufgaben fallen an?
- Was wird sorgfältig erledigt und wo gibt es noch mögliche Knackpunkte?

- Welche Prozesse laufen einwandfrei ab und wo gibt es noch Ausbaubedarf?

Erst nach einer umfassenden Bestandsaufnahme und einem Kennenlernen mit dem gesamten Team können langsam die ersten Veränderungen angestoßen werden.

### Fettnäpfchen 2 – alles auf einmal erledigen wollen…

Als neue Führungskraft sind Sie mit vielen komplexen Aufgaben, Herausforderungen und auch Beziehungen im Unternehmen konfrontiert. Bestimmt fragen Sie sich, wie Sie das nur alles bewältigen sollen. Die richtige Antwort ist: Schritt für Schritt und mithilfe eines effektiven Selbstmanagements.

**Sorgen Sie dafür, dass Sie alles in Ruhe der Reihe nach tun und vor allem auch die richtigen Dinge angehen!**

- Informieren Sie sich über Ihre Aufgaben und sprechen Sie mit Ihren Vorgesetzten über deren Erwartungen an Sie.
- Nehmen Sie sich ausreichend Zeit für Ihre Chefaufgaben. Es braucht eine effektive Planung, eine durchdachte Organisation, eine clevere Delegation und eine professionelle Kontrolle. Damit legen Sie den Grundstein für den Erfolg. Das Motto lautet: So wenig fremde Kontrolle wie nötig und so viel Selbstkontrolle wie nur möglich!
- Setzen Sie die richtigen Prioritäten! Nutzen Sie hierfür zum Beispiel das Pareto-Prinzip (auch bekannt als die 80-20-Regel) oder das Eisenhower-Modell. Aufgaben werden dabei nach ihrer Wichtigkeit und auch nach ihrer Dringlichkeit eingeteilt. Auf diese Weise können Sie Ihre Zeit effektiv nutzen und sich immer wieder neu organisieren.

**Fettnäpfchen 3 – „ich mache alles besser"**

Mit Sicherheit haben Sie in Ihrer bisherigen Karrierelaufbahn schon mehr oder weniger kompetente Führungskräfte erlebt. Nun sind Sie selbst der Chef und können endlich Entscheidungen fällen.

Doch seien Sie achtsam, denn in Ihrer neuen Rolle prallen zwei verschiedene Erwartungshaltungen aufeinander: Sie wollen alles viel besser machen als Ihr Vorgänger und Ihr Team erwartet, dass alles bleibt wie bisher.

- Befreien Sie sich zum einen von den Führungsvorstellungen Ihres Vorgängers.
- Lösen Sie sich zum anderen auch von dem Wunsch, alles besser machen zu wollen! Finden Sie vielmehr Ihren ganz eigenen Stil und streben Sie eine authentische Führung an. Damit machen Sie ganz automatisch schon sehr vieles anders als Ihr Vorgänger und vermutlich auch besser.

Denken Sie immer daran, dass auch Ihr neues Team ein wenig Zeit braucht, um sich mit den Veränderungen zu arrangieren.

Es braucht Zeit zu realisieren, dass Sie nun die neue Führungskraft im Unternehmen sind. Zudem muss man sich erst an Ihren Führungsstil anpassen. Auch inhaltliche Änderungen oder abteilungsinterne Umstrukturierungen müssen erstmal angenommen werden. Aus diesem Grund müssen Sie nicht nur sich selbst, sondern auch den Unternehmenswandel professionell mitmanagen.

Natürlich gehören Veränderungen zum Geschäftsalltag dazu, dennoch sollten Sie sich auch empathisch in die Lage Ihrer Mitarbeiter versetzen. Sie sollten auch immer ein offenes Ohr für ihre Fragen, Bedenken oder Sorgen haben.

### Fettnäpfchen 4 – Unkenntnis über die Bedeutung Ihrer Führungsrolle

In puncto Persönlichkeit werden an moderne Führungskräfte immer mehr Erwartungen herangetragen. Das bedeutet nun nicht, dass Sie Superkräfte entwickeln müssen, dennoch gibt es bestimmte Eigenschaften, die für Sie als Leader von sehr großer Bedeutung sind.

Sie brauchen beispielsweise eine ordentliche Portion Mut, um auch unbequeme Entscheidungen zu treffen. Sie müssen für Ihre Meinung einstehen können und nicht aus Bequemlichkeit zum Ja-Sager werden.

Sie brauchen Offenheit, Flexibilität, Empathie, Verantwortungsgefühl, Authentizität und Integrität.

Auch Ihre Wertvorstellungen sind entscheidend für Ihre Führungsrolle, denn sie bestimmen Ihr Denken und Tun. Ihre Werte leiten Sie durch den Alltag und geben Ihnen sozusagen einen „roten Handlungsfaden" an die Hand – im Beruf und auch im privaten Bereich.

**Hinterfragen Sie sich also regelmäßig:**

- Welche Werte sind mir besonders wichtig?
- Was lehne ich ab?
- Welche Wertvorstellungen kann ich bei der Arbeit gut umsetzen?
- Welche Werte sind für meine neue Führungsrolle förderlich und wichtig?

Bedenken Sie jedoch, dass nicht nur Sie Werte und gewisse Vorstellungen haben. Auch Ihre Mitarbeiter haben den Wunsch, sinnvoll zu leben und zu handeln. Lernen Sie also auch die Wertvorstellungen der anderen kennen und befassen Sie sich mit Ihrem Team. Auf diese Weise können Sie Wertübereinstimmungen, aber auch mögliche Spannungen erkennen.

### Fettnäpfchen 5 – auf sein Recht beharren und eigene Fehler nicht zugeben

Es ist grundlegend wichtig, auch eigene Misserfolge und Fehler einzugestehen. Können Chefs von ihren Mitarbeitern so gar keine Kritik annehmen, wird das oftmals als Führungsschwäche angesehen. Sie können also echte Kompetenz und wahre Größe beweisen, indem Sie offen für konstruktive Kritik sind und möglicherweise getroffene Entscheidungen auch mal revidieren können. Auf diese Weise erlangen Sie von Ihren Vorgesetzten und Ihren Mitarbeitern ein deutliches Plus an Glaubwürdigkeit, Authentizität und Vertrauen.

Seien Sie ein Vorbild für Ihre Angestellten und erwarten Sie von anderen nur das, was Sie auch selbst bereit sind zu geben.

### Fettnäpfchen 6 – sich selbst für etwas Besseres halten

Mit Sicherheit haben Führungskräfte immer ein sehr knappes Zeitbudget. Sie müssen viele Termine einhalten, hetzen von einem Meeting zum nächsten und sind oftmals richtig im Stress. Sie sind eine zentrale Person im Unternehmen und werden in vielen wichtigen Bereichen gebraucht.

Das könnte einen schnell dazu verleiten, sich als Chef Dinge herauszunehmen, die anderen nicht gestattet sind. Eine Verspätung bei einem wichtigen Meeting wegen anderer Verpflichtungen wäre ebenso unhöflich wie das SMS-Schreiben während einer Präsentation eines Mitarbeiters.

Für den Mitarbeiter wäre es undenkbar, eine SMS zu schreiben, während Sie als Führungskraft eine neue Unternehmensstrategie vorstellen.

Manche Führungskräfte halten sich selbst für so wichtig, dass sie an allen Ecken und Enden Zeit einzusparen versuchen – in nicht seltenen Fällen auch bei den Worten „Bitte“ und „Danke“. Vieles ginge ohne

Formalitäten ja auch deutlich schneller, oder? Weit gefehlt! Auch in sehr stressigen Situationen sollten niemals der Respekt und die Wertschätzung verlorengehen, denn damit signalisieren Sie Ihren Mitarbeitern, dass diese Ihnen wichtig sind. Stellen Sie sich zur Veranschaulichung vor, wie das Fehlen dieser Werte die Motivation Ihrer Mitarbeiter hemmen würde. Was würde in Ihnen vorgehen, wenn Sie als Mitarbeiter von Ihrem Chef so behandelt würden?

Was Sie von anderen Mitmenschen verlangen, das müssen Sie selbst vorleben können. Sie sollten andere immer in der Art und Weise behandeln, wie auch Sie selbst behandelt werden möchten. Tun Sie das? Immer? Wenn nicht, sollten Sie unbedingt etwas daran ändern.

### Fettnäpfchen 7 – nicht aufmerksam zuhören

Sehr viele Missverständnisse lassen sich vermeiden, wenn man einander nur aufmerksam zuhört. Aus diesem Grund ist es unverzichtbar, dass sich auch Vorgesetzte ausreichend Zeit nehmen, ihren Mitarbeitern zuzuhören.

Doch warum fällt es vielen Führungskräften so schwer zuzuhören? Das liegt oftmals daran, dass Chefs als die aktiven Macher angesehen werden möchten. Aktivität scheint ihnen deutlich wertvoller zu sein als das Gefühl von Passivität und das Abgeben von Kontrolle.

Zuhören wird somit als ein Akt der Unterwürfigkeit (fehl-)gedeutet. Infolgedessen konzentrieren sich viele Leader mehr auf das eigene Sprechen anstatt auf das Zuhören, denn schließlich hat der Chef ja das „Sagen".

Wenn Sie jedoch Ihren Mitarbeitern nicht gut zuhören können, laufen Sie Gefahr, gravierende Fehlentscheidungen zu treffen. Hören Sie daher aufmerksam zu und bilden sich Ihre Meinung erst im Anschluss.

### Fettnäpfchen 8 – es allen recht machen wollen

Natürlich möchten Sie eine gute Führungskraft sein, doch das bedeutet nicht, dass Sie „Everybody´s darling" sein müssen.

Ein guter Leader ist auch in der Lage, unbequeme Entscheidungen zu fällen oder nicht so schöne Dinge auszusprechen. In Ihrer Rolle sitzen Sie sozusagen zwischen den Stühlen: Sie sind zum einen dem Druck Ihrer Vorgesetzten ausgesetzt und zum anderen dem Ihrer Mitarbeiter. Auf den ersten Blick besteht die Gefahr, „in der Mitte erdrückt zu werden", vor allem dann, wenn man es jedem recht machen will.

Doch versuchen Sie die Sache aus einem anderen Blickwinkel heraus zu betrachten: Was bedeutet Ihre Aufgabe als Führungskraft? Damit Sie größtmögliche Erfolge erzielen können, braucht es das Zusammenspiel aller Ebenen, Ihrer Vorgesetzten, Ihres Teams und auch von Ihnen selbst. Zu viel Druck ist für niemanden zielführend.

Vermitteln Sie also diplomatisch in alle Richtungen, bleiben Sie neutral und authentisch und machen Sie Ihre Pläne zu beiden Seiten hin transparent. So bleiben Sie unabhängig, glaubwürdig und erfolgreich.

### Fettnäpfchen 9 – die Mitarbeitermotivation aus dem Blick verlieren

Viele Führungskräfte begehen den Fehler und achten zu wenig darauf, zu welchem Grad ihr Team motiviert ist. Im schlimmsten Fall kann es sogar zu einer zusätzlichen Demotivation kommen, wenn ein Arbeitsklima von Angst und Druck erzeugt wird.

Leider gibt es noch immer zu viele Führungskräfte, die ihre Mitarbeiter für fordernd und faul halten. Sie sind der Auffassung, einen höheren psychischen Druck erzeugen zu müssen, um eine gewisse Leistungsbereitschaft in den Mitarbeitern zu wecken. Andere sind hingegen der Meinung, ein höheres Gehalt, einen besseren Status in der Firma oder sonstige Benefits in Aussicht stellen zu müssen, um die Motivation der

Mitarbeiter zu fördern. Wieder andere Chefs greifen zu Manipulationstechniken.

Doch all das sind mit Sicherheit die falschen Wege, um eine echte nachhaltige Motivation sowie eine hohe Leistungsbereitschaft zu fördern.

Von wesentlich größerer Bedeutung sind ein positives Arbeitsklima, gegenseitige Wertschätzung, Respekt und Offenheit. Wer die Talente seiner Mitarbeiter clever zu nutzen weiß, erzielt die besten Erfolge und motiviert somit seine Mannschaft nachhaltig.

### Fettnäpfchen 10 – sich von anderen Mitarbeitern instrumentalisieren lassen

Insbesondere in komplexen Situationen setzen die Mitarbeiter auf ihre Vorgesetzten.

Ganz egal, ob es um interne oder externe Konflikte geht: Das Team erwartet eine gewisse Rückendeckung.

Vor allem dann, wenn ein neuer Chef die Führung übernimmt, neigen die Mitarbeiter dazu, diesen für unbefriedigende oder bislang ungeklärte Belange einzuspannen. Hier müssen Sie ganz besonders achtsam sein. Machen Sie keine falschen Versprechungen und treffen Sie keine voreiligen Entscheidungen. Verschaffen Sie sich erst einmal selbst einen umfassenden Eindruck über den aktuellen Stand und Ihre Verantwortlichkeiten.

# Teil 3 – Mitarbeiter führen & begeistern

## 1. MITARBEITERMOTIVATION & MOTIVATIONSPSYCHOLOGIE

Motivierte und leistungsbereite Mitarbeiter sind das A und O für ein Unternehmen. Denn nur mit einem motivierten Team lassen sich die gesteckten Ziele erreichen und demnach auch der Umsatz vergrößern.

Mitarbeitermotivation bedeutet im Grunde, dass Angestellte ihre Arbeit gern und mit hohem persönlichem Engagement erledigen, weil sie in ihrem täglichen Tun einen sinnvollen Hintergrund sehen.

Mitarbeiter, die nur „Dienst nach Vorschrift" leisten und pünktlich zum Feierabend das Büro verlassen, haben eine eher mangelnde Motivation. Diese Mitarbeiter sind aller Voraussicht nach auch nicht bereit, Überstunden zu leisten oder für das Unternehmen einzuspringen, wenn es mal „brennt".

Natürlich sollten theoretisch alle Arbeitnehmer ihrer täglichen Tätigkeit mit Fleiß und Freude nachgehen, denn schließlich hat man sich selbst für diesen Job entschieden. Dennoch können Führungskräfte durch ihr tägliches Verhalten eine ganze Menge dazu beitragen, dass Angestellte ihrer Arbeit mit Motivation und Freude nachgehen.

## 1.1. Die Motivationspsychologie

Bevor es um die Grundlagen der Motivationspsychologie geht, ist es erst einmal wichtig zu verstehen, was genau Motivation ist. Das Wort kommt aus der lateinischen Sprache und heißt „movare“, das bedeutet so viel wie „Bewegung auslösen“. Motivation wird mit vielen anderen Wörtern assoziiert, die genau das bedeuten – etwas in Bewegung bringen. Hierunter fallen Wörter wie Ehrgeiz, Wille, Antrieb, Wollen, Neigung oder Drang.

Der Begriff Motivation wird in der Psychologie oft als ein Sammelbegriff verwendet. Es geht hier darum, dass der Mensch sein Verhalten konkret ausrichtet und seine Energieressourcen darauf verwendet, ein bestimmtes Ziel zu erreichen.

Gerade im alltäglichen Leben ist Ihnen vermutlich auch schon einmal aufgefallen, dass Sie bei anderen Menschen Motivation nicht wahrnehmen können. Lediglich durch ein bestimmtes Verhalten oder Anzeichen können wir darauf schließen.

**Zusammengefasst beschäftigt sich die Motivationspsychologie mit:**

- Beginn und Beendigung eines Verhaltens
- Wie das Verhalten gesteuert wird
- Wie das Verhalten aufrechterhalten wird
- Woraus besteht die Zielausrichtung des Verhaltens

**Ein motiviertes Verhalten kann durch 3 Phasen beschrieben werden:**

**1**. Zuerst ist ein **Bedürfnis** wie zum Beispiel Hunger vorhanden. Es kann sich auch um eine Befürchtung handeln, dass eine Aufgabe oder Situation unbefriedigend ist und nicht gelöst werden kann.

**2**. Die **Schritte** zur Bedürfniserfüllung starten. Um beim Beispiel „Hunger" zu bleiben, wäre dies, dass Sie sich auf den Weg begeben, um an Nahrung zu gelangen. Falls es nicht um das Grundbedürfnis geht, beginnt die Suche nach Lösungswegen und Mitteln, um eine Situation zu bewältigen. In der Psychologie wird das als instrumentelle Phase bezeichnet.

**3**. In der dritten Phase ist das **Ziel** erreicht (Sie haben gegessen). Ihr Bedürfnis ist somit befriedigt. Sobald ein solches Bedürfnis wieder einsetzt, beginnt der Zyklus von vorn.

Des Weiteren werden **zwei Hauptformen der Motivation** unterschieden:

- **Intrinsische Motivation**
- **Extrinsische Motivation**

## Intrinsische Motivation

Intrinsisch motiviert zu sein, heißt, allein das Durchführen einer Handlung als Belohnung zu empfinden. Neugier, Interesse und Spaß sind der Antrieb. Bei dieser Art der Motivation spielen drei Ebenen eine wichtige Rolle: Die positive Emotion (Anreiz), die Neugier (Sachinteresse) und die Erfolgserwartung.

Es geht also darum, dass Sie diese Tätigkeit um ihrer selbst willen ausführen und nicht wegen einer zu erwartenden Belohnung. Sie verfolgen durch die Tätigkeit keinen bestimmten Zweck, außer dass diese Ihnen Freude bereitet.

### Extrinsische Motivation

Diese Handlung ist an äußere Belohnungen geknüpft (zum Beispiel durch Lob, Geld oder ähnliches). Im Gegenzug sind Bestrafungen die Folge, wenn Sie diese Handlung nicht ausführen (zum Beispiel kein Geld, Kritik).

Die extrinsische Motivation kann man also damit beschreiben, eine Tätigkeit auszuüben, um ein bestimmtes Ziel zu erreichen. Hier geht es weniger darum, wie bei der intrinsischen Motivation etwas aus Freude oder seiner selbst willen zu tun, sondern die Zielerreichung steht ganz klar im Vordergrund.

Von großer Bedeutung für langfristigen Erfolg ist die intrinsische Motivation, da die extrinsische Motivation nur von kurzer Dauer ist. Eine Gehaltserhöhung etwa kann für eine kurzfristige Motivationssteigerung sorgen, aber nicht für dauerhafte positive Resultate.

Die intrinsische Motivation spricht die Mitarbeiter hingegen auf einer emotionalen Ebene an, zum Beispiel durch mehr Verantwortung oder spannendere Herausforderungen.

## 1.2. Motivationstechniken mit Anwendungsbeispielen

Es gibt sehr viele Techniken und Methoden, um Mitarbeiter zu motivieren. Welcher Weg nun der richtige ist, hängt ganz vom Mitarbeiter ab.

Die Motivation können Sie durch folgende Methoden & Techniken steigern:

## Wohlfühlatmosphäre

Wir verbringen alle den Hauptteil unserer Zeit bei der Arbeit. Da ist es nicht verwunderlich, dass man sich eine schöne Arbeitsatmosphäre, einfach ein Wohlfühlklima wünscht. Für die Mehrzahl der Mitarbeiter ist ein schlechtes Arbeitsklima ein Kündigungsgrund. Erhalten Sie den Spaß im Unternehmensalltag und feiern Sie auch zusammen mit dem ganzen Team Unternehmenserfolge.

Achten Sie als Führungskraft also auf die Stimmung im Unternehmen, denn dadurch tragen Sie signifikant zur Steigerung der Motivation bei.

## Wertschätzung & Lob

Hat ein Teammitglied außerordentlich gute Arbeit geleistet oder großes persönliches Engagement gezeigt, muss er dafür auch Wertschätzung und Lob erhalten. Lob ist ein sehr wichtiges Feedback für jeden Menschen, dennoch ist es kein Instrument für den Dauergebrauch. Wird Lob undurchdacht im Geschäftsalltag eingesetzt, verliert es mehr und mehr an Bedeutung. Mit dem Loben ist es wie mit dem Salzen: Punktuell, gezielt und konkret auf eine Leistung bezogen!

## Extraportion Autonomie

Auch das ist eine sehr wichtige Methode der Motivationssteigerung.

Sehr viele Arbeitnehmer wünschen sich, vom Vorgesetzten in ihren Kompetenzen erstgenommen zu werden. Das kann aber nur dann wirklich erreicht werden, wenn den Angestellten auch ein gewisser Entscheidungs- und Handlungsspielraum eingeräumt wird. Betreiben Sie also keinesfalls Mikromanagement, sondern fördern Sie die Eigenständigkeit und das Selbstwertgefühl Ihrer Mitarbeiter. Das steigert dann automatisch auch die intrinsische Motivation.

## Anerkennung

Mitarbeiter, die sich besonders für das Unternehmen und die Erreichung der Ziele engagieren, sollten auch eine entsprechende Anerkennung für ihre Leistungen bekommen. Auch hier haben Sie verschiedene Möglichkeiten: Ein Geschenkgutschein zum Geburtstag oder Blumen zum Jahrestag vermitteln auf dezente Weise Anerkennung und Wertschätzung. Das stärkt die Mitarbeiterbindung und natürlich auch die Motivation.

Einige Führungskräfte belohnen besonderen Fleiß und hervorragende Arbeitsleistungen auch mal mit einem zusätzlichen Urlaubstag.

## Powerfood

Wer konzentriert und motiviert arbeiten soll, braucht nicht nur hin und wieder Pausen, sondern auch eine gesunde Ernährung.

Fördern Sie die Gesundheit Ihrer Mitarbeiter im Alltag doch durch kleine Benefits wie Wasser, gesunde Snacks oder vitaminreiche Obstkörbe. Für solche Belange finden Sie online zahlreiche Dienstleister, die passgenau zu Ihren Wünschen liefern.

## Weiterbildung

Die Personalförderung ist eine zentrale Technik der Motivationssteigerung.

Die Mitarbeiter verstehen, dass Sie ihnen viel zutrauen und ihre Fähigkeiten gern noch ausbauen wollen. Das motiviert sie, Ihren Erwartungen und Ansprüchen zu entsprechen. Zudem schätzt es im Grunde jeder Angestellte, wenn er sich beruflich weiterentwickeln kann und vielleicht auch die Chance hat, auf der Karriereleiter ein wenig nach oben zu klettern. Erkundigen Sie sich doch einmal nach geeigneten Workshops oder Fortbildungskursen.

## Gemeinsame Aktivitäten

Holen Sie Ihr Team auf der emotionalen Ebene ab und verbringen Sie auch mal außerhalb des stressigen Unternehmensalltags Zeit miteinander. Gemeinsame Aktivitäten wie Pizza essen, Kegeln, Klettern oder Betriebsausflüge fördern nicht nur die Motivation, sich für das Unternehmen zu engagieren, sondern stärken auch das Zusammengehörigkeitsgefühl. Super Teambuilding!

## Flexible Arbeitszeit

Dies ist ein sehr wichtiger Punkt für die Motivation von Arbeitnehmern.

Starre Arbeitszeiten erschweren die Organisation und den Spagat zwischen Beruf und Familie. Gleitzeit, flexible Dienstzeiten oder Homeoffice erleichtern den Bediensteten auch das Privatleben und sorgen somit für ein höheres Engagement für das familienfreundliche und mitarbeiterorientierte Unternehmen.

Wie gesagt ist es entscheidend, dass die jeweilige Motivationsmaßnahme zum Einzelnen passt. Für ältere Mitarbeiter ist der Aspekt „Jobsicherheit" beispielsweise ungemein wichtig. Für jüngere Mitarbeiter stehen neue Perspektiven und Karrierechancen im Vordergrund.

Im Endeffekt sollte es auf einen Methodenmix hinauslaufen, denn kein Arbeitnehmer lässt sich in der Regel nur mit Lob oder mit Zeichen der Wertschätzung motivieren. Genauso wenig kann ein Obstkorb eine mangelnde Anerkennung oder gar fehlende Wertschätzung kompensieren. Achten Sie daher als Führungskraft auf das große Ganze und Sie dürfen sich über motivierte und engagierte Mitarbeiter freuen.

## 2. MITARBEITERGESPRÄCHE FÜHREN & ZIELE VEREINBAREN

Ein essenzieller Bestandteil Ihrer Führungstätigkeit sind die Gespräche mit den Mitarbeitern. Es gibt viele Gelegenheiten und Anlässe, in denen man sich austauschen kann: Projekt-Meetings, Seminare, dienstliche Besprechungen oder auch spontane Besprechungen sind nur einige dieser Gelegenheiten.

Mitarbeitergespräche sind ein sehr effizientes Mittel, um relevanten Themen zwischen Führungskräften und Mitarbeitern einen festen Rahmen zu geben, denn auf diese Weise lassen sich Konflikte wirksam vermeiden. Mitarbeitergespräche sollten in regelmäßigen Zeitabständen stattfinden – im Idealfall ein bis zwei Mal jährlich.

Viele Führungskräfte erkennen nicht die Wichtigkeit dieser Gespräche und verschenken damit leider viel Potenzial. Sie vertreten die Annahme, dass solche Unterredungen zu viel Zeit in Anspruch nehmen würden und infolgedessen die Arbeit zu kurz käme.

Auch Zielvereinbarungsgespräche sind äußerst wichtig. Grundsätzlich handelt es sich hierbei um eine 4-Augen-Gespräch zwischen dem Vorgesetzten und dem Mitarbeiter. Im Allgemeinen laden Sie als Führungskraft schriftlich zum Zielvereinbarungsgespräch ein.

Auf der Grundlage einer Zielvereinbarung wird dann in schriftlicher Form fixiert, welche Maßnahmen nötig sind, um die definierten Ziele zu erreichen. Achten Sie darauf, dass die vereinbarten Maßnahmen die Eigenentscheidungskompetenz und die Selbstverantwortlichkeit Ihrer Belegschaft unterstützen. So fördern Sie maßgeblich die Motivation!

Die Ziele und die daraus entstehenden Leistungen sollten Sie immer schriftlich festhalten. Am Ende des Gesprächs wird auch dem Mitarbeiter eine Kopie dieser Zielvereinbarung ausgehändigt.

**Als Führungskraft muss Ihnen vor dem Beginn des Mitarbeitergesprächs klar sein:**

- Was kann der Mitarbeiter XY leisten?
- Welche persönliche Entwicklung hat dieser Mensch im Unternehmen bereits gemacht?
- Wo gibt es unter Umständen noch Schwierigkeiten?
- Wie lassen sich mögliche Hürden oder Probleme lösen und wie können Sie als Vorgesetzter gezielt unterstützen?
- Was trauen Sie dem Mitarbeiter bezüglich der Fähigkeiten und Kompetenzen zu?
- In welchen Bereichen übernimmt der jeweilige Mitarbeiter aktuell Verantwortung?

**Tipps für das Mitarbeiter- und Zielvereinbarungsgespräch**

- Achten Sie auf eine **überschaubare Anzahl von Zielen**, die Sie mit dem Mitarbeiter vereinbaren. Sie wollen ja dessen Motivation fördern und ihn nicht vor vermeintlich unüberwindbare Herausforderungen stellen.
- Brechen Sie **große Ziele auf kleinere Etappen** herunter.
- **Vermeiden** Sie **negative Beurteilungen oder Kritik** im Rahmen des Zielvereinbarungsgesprächs. Informieren Sie auch den Mitarbeiter mindestens 14 Tage vorher über die anstehende Besprechung mit Ihnen.
- Geben Sie **klare Rahmenbedingungen für den Dialog** vor: Wo findet er statt? Wann findet er statt und wie lange soll der Termin in etwa dauern?

- Vergessen Sie nicht, auch **Lob und Anerkennung** dem Mitarbeiter gegenüber auszusprechen.
- **Fragen Sie** Ihren **Mitarbeiter** zudem **nach eigenen Vorstellungen, kreativen Ideen oder Veränderungswünschen**. Damit zeigen Sie Ihre Wertschätzung.
- Schauen Sie, dass Sie den **Mitarbeiter** möglichst **im Bereich seiner Stärken einsetzen**. So maximieren Sie den Erfolg des Unternehmens. Vergessen Sie auch nicht am Schluss einen Termin für das nächste Gespräch festzusetzen. Dann können die Etappenziele überprüft und neues Feedback gegeben werden.
- Ein klassisches **Mitarbeiter- oder Zielvereinbarungsgespräch** dauert im Allgemeinen **zwischen 45 und 60 Minuten**. Sie können das aber natürlich ganz individuell nach Ihren Wünschen handhaben.

Zielvereinbarungen stoßen nicht bei allen Führungskräften auf positive Resonanz. Häufig wird das Argument angebracht, Resultate und Ziele seien nicht wirklich im Vorfeld planbar. Wie soll mit Mitarbeitern ein bestimmtes Ziel verbindlich vereinbart werden, wenn es nur auf vagen Annahmen basiert?

Durch diese Argumentation werden Zielvereinbarungen jedoch nicht zu einem untauglichen Führungsinstrument. Vielmehr werden in einem solchen Fall die Prioritäten falsch gesetzt. Besonders wichtig ist, dass die Zielerreichung im Verantwortungs- und im Möglichkeitsbereich des Mitarbeiters liegt.

Es ist grundlegend von Bedeutung, dass Ziele schriftlich festgehalten werden. Wenn das nicht erfolgt, lassen sich Ziele im Nachhinein wesentlich schlechter beurteilen. Infolgedessen wäre nicht mehr eindeutig nachvollziehbar, inwiefern ein Mitarbeiter das Ziel erreicht hätte oder nicht.

## Formulieren Sie „S.M.A.R.T“

Kennen Sie die „SMART“-Methode? Diese Technik ist eine Hilfestellung zur Formulierung von klaren, messbaren Zielen. Sie soll Ihnen dabei helfen, Ziele richtig zu definieren, um so ein ganz konkretes Bild Ihrer gewünschten Ergebnisse vor Augen zu haben.

Die fünf Buchstaben sind eine Abkürzung für die folgenden Zielkriterien:

### S - spezifisch

Formulieren Sie Ihre Ziele so konkret wie nur möglich.

### M - messbar

Legen Sie fest, unter welchen Bedingungen Ziele erreicht werden können. Das bedeutet also, dass Ziele und auch Zwischenergebnisse messbar sein müssen.

### A - attraktiv

Formulieren Sie Ziele immer positiv, denn das erhöht die Motivation, am Ball zu bleiben. „A“ steht hier aber auch für „anspruchsvoll“ – gesteckte Ziele sollten auch eine positive Herausforderung für Ihr Team sein.

### R - realistisch

Definieren Sie realistische Ziele, das heißt, solche, die Sie auch erreichen können. Wenn Sie ein größeres Ziel haben, macht es in jedem Fall Sinn, es in kleinere Etappenziele zu unterteilen.

### T - terminiert

Wann sollte ein bestimmtes Ziel erreicht sein? In welcher Zeitspanne bewegen Sie sich ungefähr? Legen Sie ein konkretes Datum fest, bis wann ein Projekt umgesetzt sein soll. Eine klar umrissene Frist steigert die Motivation.

## Vorlage eines Zielvereinbarungsgesprächs

**a) Einleitung** – beispielsweise Darstellung der aktuellen Unternehmenssituation

______________________________________________

______________________________________________

- Was hat der Mitarbeiter zum Unternehmens- oder Teamerfolg beigetragen?

  ______________________________________________

- Sehen Sie Verbesserungsmöglichkeiten im Hinblick auf die Zielerreichung des Mitarbeiters, z. B. in Bezug auf die Zusammenarbeit mit Kollegen oder anderen Abteilungen?

  ______________________________________________

- Gibt es noch etwas, was Sie dem Mitarbeiter mit auf den Weg geben möchten?

  ______________________________________________

**b) Mitarbeiter-Teil: Selbsteinschätzung / Stärken und Potenzialanalyse**

- Welche Tätigkeiten oder Aufgaben gehören zu Ihren Stärken?

______________________________________________

- Gibt es etwas, dass Sie besonders gern machen?

______________________________________________

- Stärkenanalyse: Wo sehen Sie im Hinblick auf Motivation, Zuverlässigkeit, Fachkompetenz, Sorgfalt, Arbeitstempo oder die Kommunikationsbereitschaft etc. Ihre besonderen Fähigkeiten?

______________________________________________

- Wie sieht es mit Ihrem Umgang gegenüber Chefs oder Kollegen aus? Hier geht es besonders um Teamwork, das Verhalten in Konfliktsituationen oder Ihre Offenheit anderen gegenüber.

______________________________________________

- Über welche Fähigkeiten verfügen Sie Ihrer Meinung nach mehr als Ihre Kollegen? Gibt es Situationen, in denen Kollegen Sie gern um Rat bitten und Ihre Hilfe möchten?

______________________________________________

- Gibt es etwas, das Ihr Engagement noch steigern würde? Was wäre dafür notwendig?

______________________________________________

**c) Welche Zielvereinbarungen wurden bisher getroffen?**

- **Ziel 1:** ______________________________

- **Terminvorgabe für die Zielerreichung:**______________

- **Beschreibung**:

  Welche Zielvorgaben müssen mindestens erfüllt werden?

  ______________________________

- **Teilziele:**

  Welche Zwischenziele sind für das Erreichen des Gesamtziels notwendig?

  ______________________________

- **Voraussetzungen:**

  - Welche Einflussfaktoren beeinflussen die Erreichung des Ziels?

    ______________________________

  - Was wird an Unterstützung benötigt, um das gewünschte Ziel zu erreichen?

    ______________________________

  - Welche Personen sollten hierzu informiert werden?

    ______________________________

➢ **Überprüfung:**

- Wer ist für das Überprüfen zuständig und in welchem Zeitrahmen findet dies statt?

  ______________________________________________

- Hier besteht die Möglichkeit, dies nun für alle vorhanden Ziele zu wiederholen.

**d) Abschluss**

➢ **Feedback des Gesprächs:**

- Wie wurde das Gespräch von beiden Seiten empfunden?

  ______________________________________________

➢ **Aus der Sicht der Führungskraft:**

- Zusammenfassung von Ergebnissen sowie gewonnenen Eindrücken des geführten Gesprächs:

  ______________________________________________

➢ **Notizen für Fragen oder Anregungen:**

- Gibt es Unerledigtes, worüber noch gesprochen werden sollte?

  ______________________________________________

**e) Verabschiedung des Mitarbeiters und Dank**

# 3. DIE ARBEITSLEISTUNG DER MITARBEITER RICHTIG BEWERTEN

Die Mitarbeiterbeurteilung ist ein wesentliches Instrument der Mitarbeiterführung. Dieses Werkzeug dient Führungskräften in erster Linie dazu, Mitarbeiter entsprechend ihren Fähigkeiten einzusetzen und sie gezielt zu fördern.

Jeder Arbeitnehmer hat ein grundsätzliches Recht auf eine Beurteilung und für diese stehen unterschiedliche Methoden und Ziele zur Verfügung. Ein konkreter Anlass kann beispielsweise eine anstehende Beförderung sein. Auch eine begründete Kündigung kann der Grund für eine Beurteilung und Bewertung sein.

In die Mitarbeiterbeurteilung fließen Aspekte wie zum Beispiel der Teamgeist, die Zuverlässigkeit des Mitarbeiters, seine Soft Skills und Kritikfähigkeit. Auch fachliche Kompetenzen oder messbare Erfolge spielen eine wesentliche Rolle. Die Einschätzung basiert im Allgemeinen auf den Beobachtungen der Vorgesetzten sowie auf festen Leistungskennzahlen.

Im Rahmen der Beurteilung lohnt sich auch der Blick zurück: Frühere Zertifikate oder Zeugnisse des Betreffenden können sehr aufschlussreich sein und die aktuellen Beobachtungen ergänzen. Auch die Eindrücke von Kollegen oder Kunden sollten miteinbezogen werden.

**Checkliste – so können Sie als Führungskraft Ihre Mitarbeiter beurteilen**

## Leistung & Qualität

- **Arbeitsqualität:**

  Zur Beurteilung der Arbeitsqualität hilft es auch mit anderen Personen im Team zu sprechen, um sich ein noch klareres Bild zu verschaffen. Des Weiteren sollten folgende Fragestellungen beantwortet werden:

  - Welche Aufgaben übernimmt der zu beurteilende Mitarbeiter?
  - Wie gut erledigt er die ihm übertragenen Aufgaben?
  - Wie hoch ist die Fehlerquote?

- **Leistungsbereitschaft:**

Motivation und Engagement sind zwei zentrale Punkte im Rahmen der Personalbeurteilung.

Wie hoch ist die Bereitschaft des Mitarbeiters, sich für die Ziele des Unternehmens einzusetzen und die bestmögliche Leistung abzuliefern?

- **Effektivität:**

  - Arbeitet der Mitarbeiter zielorientiert?
  - Kann dieser die Prioritäten richtig setzen oder verpasst er permanent Deadlines?
  - Fallen viele Überstunden an, damit die Arbeit überhaupt innerhalb der vorgegebenen Frist zu schaffen ist?
  - Wie viel Zeit benötigt der Mitarbeiter für die Erledigung der Aufgaben?

- **Selbstständigkeit:**
  - Werden nur die aufgetragenen Arbeiten erledigt oder geht der Mitarbeiter auch selbstständig andere Aufgaben an?
  - Trägt er selbstständig zur Lösung anderer Projekte bei?

## Außenbezug

- **Flexibilität:**
  - Ist der Mitarbeiter offen für Veränderungen?
  - Kann er sich rasch an neue Situationen anpassen oder fehlt ihm der Wandel oftmals schwer?

  Hier kann es sowohl um räumliche Veränderungen als auch um Änderungen im Projektbereich gehen.

- **Teamfähigkeit:**
  - Ist der Mitarbeiter ein Alleinkämpfer oder ist er teamfähig?
  - Werden Kollegen in die Arbeit miteinbezogen oder handelt der Mitarbeiter eher für sich?

- **Persönliche Belastbarkeit:**

  In einem Unternehmen gibt es immer wieder äußerst stressige Phasen: Ist der Mitarbeiter in solchen Zeiten immer noch aufmerksam, belastbar und konzentriert?

  Bleibt die Arbeitsleistung auch in stressigen Zeiten konstant gut?

**Auch Führungskräfte**, das heißt Personen, die ein Team leiten, **müssen beurteilt werden. In diesem Zusammenhang sind folgende Fragen relevant:**

- Ist die Führungskraft in der Lage, die Angestellten gezielt zu fördern?
- Werden Talente und individuelle Stärken erkannt?
- Werden die Aufgaben gemäß den Fachkompetenzen verteilt?
- Kann der Leitende die Aufgaben gleichmäßig und vor allem fair delegieren?
- Kann er Aufgaben gut weitergeben oder möchte er lieber alles selbst erledigen und gerät möglicherweise unter massiven Zeitdruck?
- Kann der Vorgesetzte andere Kollegen kompetent anleiten?
- Agiert er anerkennend und wertschätzend?
- Wie gut kann der Leitende selbstständig Probleme lösen und wann ist er bereit, Hilfe in Anspruch zu nehmen?

Für die Beurteilung von Beschäftigten mit einer Personalverantwortung kann auch ein anonymes Team-Feedback eingeholt werden. Holen Sie sich von den Kollegen mithilfe eines Bewertungsbogens eine klare Beurteilung ein und beziehen Sie die Ausführungen in Ihre Bewertung mit ein. Aus den Rückmeldungen der Kollegen können Sie auch Tendenzen der Führungskraft hinsichtlich des gewählten Führungsstils erkennen.

Ein zentraler Bestandteil der Mitarbeiterbeurteilung ist die Leistung des jeweiligen Arbeitnehmers. Diese lässt sich beispielsweise anhand der Ziele und Zwischenziele ermitteln, die im Mitarbeitergespräch festgehalten wurden. Bereits im Zielvereinbarungsgespräch konnte dokumentiert werden, welche Ziele erreicht werden konnten und welche nicht. Das gibt Ihnen konkrete Argumente für die weitere Beurteilung an die Hand.

Eine nicht zu vernachlässigende Bedeutung kommt dem sogenannten „Halo-Effekt" zu, ein Phänomen, das wir vermutlich alle aus der Psychologie kennen.

Hier wird von einer Sache automatisch auf eine andere geschlossen. Positive, aber auch negative Eigenschaften, die wahrgenommen werden, überstrahlen sozusagen das Gesamtbild. Infolgedessen kann es zu Verallgemeinerungen kommen.

Bewerten Sie zum Beispiel einen Mitarbeiter, der Ihnen sympathisch ist, besser als einen anderen? Schließen Sie von einer Qualität, einer Kompetenz oder einer Eigenschaft auf weitere Folgequalitäten dieses Mitarbeiters?

Wenn man hier nicht achtsam vorgeht, kann daraus eine sogenannte „Blindheit" für die tatsächlichen Fakten und Merkmale resultieren.

## 4. DIE MITARBEITERPOTENZIALANALYSE

Der Verlust von leistungsstarken Mitarbeitern und die damit verbundene Notwendigkeit zur Neubesetzung der Stelle können in einem Unternehmen hohe Kosten verursachen. Diese Kosten gilt es zu vermeiden, und zwar indem Sie als Führungskraft stets über die Kompetenzen und das Potenzial Ihrer Belegschaft Bescheid wissen. Auf dieser Grundlage können dann spezielle Entwicklungsprogramme angeboten werden, die die Mitarbeiterbindung an das Unternehmen stärken.

Die Qualitäten und Kompetenzen der einzelnen Mitarbeiter geben konkrete Hinweise darüber, welche Anforderungen im Detail erfüllt sein müssen, um bestimmte Aufgaben übernehmen oder eine bestimmte Stelle in der Firma besetzen zu können.

Die Potenzialanalyse wird in vielen verschiedenen Unternehmensbereichen eingesetzt. Das Ziel ist, die einzelnen Fähigkeiten exakt zu erfassen, um das ideale Einsatzgebiet für den jeweiligen Angestellten zu finden. Aus den persönlichen Merkmalen dieser Person wird anschließend ein Mitarbeiterprofil erstellt. Dieses Profil wird dann in einem nächsten Schritt mit diversen Anforderungsprofilen in der Firma abgeglichen. Je deutlicher sich zwei Profile überschneiden, desto besser ist der jeweilige Anwärter für die entsprechende Stelle geeignet.

**Zur Durchführung der Mitarbeiterpotenzialanalyse stehen diverse Methoden zur Verfügung. Die bekanntesten sind:**

- **Fragebögen:**
Diesen muss der Mitarbeiter selbst ausfüllen. Auf diese Weise erhalten Sie schnell und zuverlässig relevante Informationen. Bedenken Sie hierbei jedoch, dass die Informationen auf einer Selbsteinschätzung des Mitarbeiters beruhen. Das kann auch mit einer Überschätzung der eigenen Fähigkeiten, Stärken und Kompetenzen verbunden sein.

- **Interviews & Befragungen:**
Diese Methode kann von Führungskräften durchgeführt werden. Zur Unterstützung kann zudem ein Personalberater hinzugezogen werden. Das ist besonders in solchen Situationen gewinnbringend, in denen es um die Bekleidung einer Führungsposition geht.

- Führungskräfte können auch mithilfe von **Psychologen oder Coaches** verschiedene Bewerber bei der Bewältigung verschiedener Aufgaben beobachten. Daraus lassen sich viele nützliche Schlüsse ziehen, zum Beispiel hinsichtlich der individuellen Persönlichkeitseigenschaften einer Person oder der fachlichen Kompetenzen.

# Teil 4 – Teamwork

## 1. TEAMS RICHTIG ZUSAMMENSTELLEN

Das Modell der Teamrollen ist ein Konzept des britischen Wissenschaftlers Meredith Belbin. Dieser kam zu dem Schluss, dass für ein erfolgreiches Team nicht nur die Fähigkeiten des Einzelnen entscheidend sind, sondern auch die Stärken und Schwächen der anderen Teammitglieder. Er ging davon aus, dass sich ein Team nur gegenseitig ergänzen kann und die Einzelnen durch ihren Charakter eine individuelle Rolle im Team einnehmen. Der Erfolg eines Teams hängt also ganz maßgeblich davon ab, wie gut sich die Mitglieder untereinander ergänzen.

Belbin definierte neun Teamrollen. In jedem Team sollten also im Idealfall alle Rollen vorkommen:

### 3 Teamrollen, die als Hauptaugenmerk das „Handeln" haben

### Umsetzer

Dieser Mitarbeiter zeichnet sich dadurch aus, dass er die Dinge anpackt und versucht in die Tat umzusetzen. Das Talent des Umsetzers liegt besonders darin, dass er sehr organisiert an die Aufgaben herangeht und diese auch gut lösen kann.

**Stärken**: Pflichtbewusstsein, Disziplin, Effektivität
**Schwächen**: Mangel an Spontanität und Flexibilität, eigensinnig

### Perfektionist

Dieses Teammitglied versucht immer alle Details im Blick zu behalten und dabei keinerlei Fehler zu begehen. Gerade für Perfektionisten kann es schwierig sein, mit anderen Charakteren im Team zu sein. Sie haben oft bestimmte Vorstellungen und Anforderungen an die Erledigung der Aufgaben.

**Stärken**: Gewissenhaftigkeit, Pünktlichkeit, Sorgfalt
**Schwächen**: Vorsichtig, delegiert nicht gerne, braucht immer die Kontrolle

### Macher

Dieser Charakter hat keine Angst und besticht immer durch absoluten Tatendrang. Er ist in der Lage, andere Menschen zum Handeln zu bewegen und hat Mut, Neues auszuprobieren und sich an bisher ungewohnte Aufgaben heranzutasten.

**Stärken**: Flexibilität, dynamisch im Handeln, pragmatisch, keine Probleme mit stressigen Situationen
**Schwächen**: Neigt zu Ungeduld, provozierendes Verhalten

### 3 Teamrollen, bei denen es um „Wissen" geht

#### Erfinder

Diese Rolle wird von kreativen und unkonventionellen Menschen besetzt. Der Erfinder schafft es, immer wieder neue kreative Ideen und Lösungsansätze in das Team zu bringen. Er ist nicht festgefahren in seinen Denkmustern, denkt aber oft provokant.

**Stärken**: unkonventionelles Denken, selbstständig
**Schwächen**: hält sich schwer an Vorgaben, wirkt oft abgehoben

#### Spezialist

Jedes Team kann sich über einen Spezialisten freuen. Dieser Charakter versorgt das Team immer wieder mit aktuellen Erkenntnissen und Fachwissen. Er ist in der Lage, Dinge zu steuern und besitzt die Hartnäckigkeit, auch immer weiter an technischen Details zu tüfteln.

**Stärken**: Zeigt Engagement, oft mit sich selbst beschäftigt
**Schwächen**: Neigt dazu, sich zu schnell in technischen Details zu verlieren

#### Beobachter

Vorsichtig lautet wohl der zweite Vorname des Beobachters. Dieses Teammitglied betrachtet alles sehr sachlich und nüchtern. Er hat immer im Hinterkopf, welche Aufgaben erfüllt werden müssen und macht sich bei den Vorschlägen der anderen Teammitglieder auch Gedanken darüber, ob das alles so umsetzbar ist. Er verliert sich nicht in überschwänglichen Ideen.

**Stärken**: Klug, betrachtet alles nüchtern
**Schwächen**: kann andere schwer motivieren, keine Inspirationen oder kreativen Ideen

### 3 Teamrollen, die sich auf die Kommunikation konzentrieren

## Weichensteller / Netzwerker

Dieser Team-Typ ist in der Lage, neue Ideen in das Team zu bringen. Doch nicht nur die Ideenvielfalt gehört zu seinen Stärken, sondern auch die Fähigkeit, die internen sowie die externen Bedürfnisse der Schnittstellen im Blick zu behalten.

**Stärken**: Gute Kommunikationsfähigkeiten, Enthusiasmus, Neugierde
**Schwächen**: Keine Beständigkeit bei der Zielverfolgung (neigt schnell zu Desinteresse), oft zu optimistisch

## Teamarbeiter

Dieses Teammitglied arbeitet meistens im Hintergrund und braucht nicht immer das Gefühl, im Mittelpunkt zu stehen.

Er hilft dabei, die Kommunikation untereinander zu verbessern und verteilt gern anfallende Aufgaben.

**Stärken**: Handelt wohlüberlegt, sensibel, arbeitet Hand in Hand
**Schwächen**: Schwierigkeiten, Entscheidungen zu treffen

## Koordinator

Dieser Charakter ist eine ideale Besetzung für die Leitung des Teams. Er kann dabei unterstützen, Entscheidungen zu treffen. Er hat einen ruhigen und souveränen Charakter und bringt gute Ideen mit ein.

**Stärken**: Behält die Kontrolle, ruhiger Charakter, souverän
**Schwächen**: Verfügt über durchschnittliche Kompetenzen

### Mögliche Schwächen des Rollenmodells

Gerade im Unternehmensalltag lässt sich dieses Modell nicht immer umsetzen. Natürlich wäre das eine ideale Besetzung, doch oftmals bestehen Teams nicht aus 9 Mitgliedern. Ebenfalls kann es vorkommen, dass ein Team nicht über alle Charaktere verfügt. Die Entscheidung für das Team fällt oftmals mit der Frage, welche Mitarbeiter gerade verfügbar sind.

Das Modell berücksichtig zudem nicht, dass es innerhalb eines Teams nicht immer harmonisch abläuft. Oft gibt es Konkurrenzdenken zwischen Teammitgliedern, was eine reibungslose Arbeit erschwert.

Das Belbin-Modell hat aber natürlich auch seine positiven Eigenschaften und Vorteile. Ein Team kann sich also am besten dann ergänzen, wenn viele verschiedene Fähigkeiten, Charaktere und Kompetenzen Hand in Hand an einem Projekt arbeiten. Bei der Auswahl des Teams sollten Sie aber stets bedenken, dass Konflikte und Probleme auftreten können, die bei diesem Modell nicht in Betracht gezogen werden.

### Prüfen Sie immer zuerst folgende Punkte:

- Welche Teamrollen müssen noch besetzt werden?
- Welche Teamrollen sind bereits vergeben?

So können Sie auf einen Blick ermitteln, welche Charaktere das Team noch wunderbar ergänzen und bereichern würden. Ein optimales Zusammenspiel der verschiedenen Teamrollen kann so das ganze Unternehmen positiv beeinflussen.

## 2. VOR- UND NACHTEILE VON TEAMWORK

Im geschäftlichen Alltag und bei der Projektbearbeitung werden sehr häufig Teams eingesetzt. Im Grunde könnte man sagen, dass es im modernen Geschäftsalltag kaum mehr Unternehmen gibt, die nicht auf Teamwork setzen. Teamarbeit ist effizient und führt zu größeren Erfolgen. Gleichzeitig können Mitarbeiter dadurch stärker an das Unternehmen gebunden werden.

Gemäß der Definition meint Teamwork eine Gruppe von Mitarbeitern, die sich alle gemeinsam um die Erreichung eines oder mehrerer Unternehmensziele bemühen. Alleine würde die Zielerreichung in der Regel schlechter vonstattengehen. Das Teamwork kann langfristig, aber auch nur für eine bestimmte Zeitspanne – zum Beispiel für ein bestimmtes Projekt – angelegt sein.

Ein gut funktionierendes Team bietet große **Vorteile**:

### • Erfüllung der Projektarbeit

In der heutigen Zeit sind Projekte so komplex und mit engen Zeitfenstern behaftet, dass diese oftmals von nur einer Person nicht erfüllt werden können. Teams bieten hier eine gute Lösungsmöglichkeit.

### • Unterschiedliche Berufs- und Lebenserfahrungen werden genutzt

Die einzelnen Teammitglieder bringen unterschiedliche Fachkenntnisse und Erfahrungen mit, die sich dann zielführend einsetzen und miteinander verbinden lassen.

**• Flache Unternehmenshierarchien**

Aufgrund der flachen Hierarchien innerhalb der Unternehmen bestehen bei den Mitarbeitern mehr Eigenverantwortlichkeit, Koordination und Selbstorganisation. Teams können dazu verhelfen, innerhalb des Unternehmens eine bessere Kommunikation untereinander sowie eine verbesserte Entscheidungsfindung zu ermöglichen. Auf Neuerungen kann so besser eingegangen werden.

**• Positive Entwicklung der Mitarbeiter**

Durch den stetigen Austausch innerhalb der Teams werden die Mitarbeiterentwicklung und das Lernen voneinander verbessert. Gleichzeitig stärkt Teamwork das Zusammengehörigkeitsgefühl.

**• Besseres Eingehen auf die Wünsche der Mitarbeiter**

Bei vielen Mitarbeitern besteht der Wunsch nach Teamwork, um auch das soziale Umfeld am Arbeitsplatz zu stärken. Durch Teams lernen die Mitarbeiter, sich auch an Entscheidungsprozessen stärker zu beteiligen.

Auch einige **Nachteile** können mit Teamwork verbunden sein:

**• Problematische Führung**

Ein Team lässt sich bei Problemen schwieriger führen als einzelne Mitarbeiter. Die Ursache liegt darin, dass ein Team immer komplexer ist und innerhalb der Gruppe eine gewisse Eigenständigkeit herrscht. Bei Problemen kann es so für eine Führungskraft schwieriger sein, solch eine Gruppe zu führen. Nicht alle Menschen kommen immer gut miteinander zurecht, auch weil man oft eine andere Arbeitsweise als seine Kollegen hat.

- **Keine Transparenz der einzelnen Mitarbeiter**

Innerhalb eines Teams ist es für den Vorgesetzten schwieriger herauszufinden, welcher Mitarbeiter welche Leistung erbraucht hat. Ebenfalls kann schwieriger festgestellt werden, wer bei einem Fehler verantwortlich ist.

- **Negative Eigendynamik**

Es kann innerhalb eines Teams leichter passieren, dass gewisse Entwicklungen eine negative und nicht kontrollierbare Richtung nehmen. Hierunter können etwa Konfliktsituationen oder Mobbing fallen.

- Teamarbeit ist im Allgemeinen auch immer mit einem **erhöhten Zeitaufwand** verbunden.

Es braucht einen höheren Kommunikationsaufwand und viele Dinge müssen immer wieder untereinander abgestimmt werden.

# Teil 5 – Projektmanagement

## 1. MEILENSTEINE

Meilensteine sind sehr wichtige Bausteine jedes Projektmanagements, die sich sowohl bei kleineren wie auch bei größeren Projekten definieren lassen.

Meilensteine sind sozusagen Wendepunkte in der Projektbearbeitung, an denen potenziell etwas schieflaufen kann. Man könnte sagen, dass Meilensteine kleine Zwischenziele sind, die nacheinander erreicht werden müssen, um ein Projekt mit Erfolg abzuschließen.

Eine wesentliche Aufgabe der Projektplanung besteht darin, für einen logischen, einwandfreien und vor allem auch sicheren Projektablauf zu sorgen. Sowohl der Verlauf als auch der Inhalt des Projekts werden in einem übersichtlichen Konzept dargestellt. Dieser Plan wird im weiteren Projektablauf immer wieder kontrolliert und wenn nötig korrigiert.

Vor allem die Projektfertigstellung ist ein zentraler Meilenstein, denn zu diesem Zeitpunkt sollten die gesteckten Ziele erreicht werden. Die Meilensteinplanung ist also die Grundlage, um ein Projekt richtig anzugehen, denn die exakte Planung der einzelnen Meilensteine ermöglicht eine bessere Überschaubarkeit des gesamten Projekts.

### Meilensteine kontrollieren

Die Meilenstein- und Terminkontrolle ist sehr wichtig, um rechtzeitig auf mögliche Veränderungen reagieren zu können. Zu bestimmten, im Vorfeld festgelegten Terminen wird exakt ermittelt, ob das Projekt wie angedacht verläuft oder ob sich Abweichungen ergeben haben. Im Vorfeld sollte dies durchgeführt werden, da man so noch genügend Zeit hat, zu reagieren und wenn nötig, umzuplanen.

- Gibt es unter Umständen zeitliche Verzögerungen und wenn ja, in welchem Ausmaß?
- Sind diese zeitlichen Verzögerungen zu verkraften oder muss umgeplant werden?
- Welche Möglichkeiten gibt es, die Verzögerungen auszugleichen und wie können die Termine doch noch eingehalten werden?
- Müssen die Grundvoraussetzungen angeglichen werden?

## 2. PROJEKTSITZUNGEN

Während der Realisierung eines Projekts werden immer wieder Sitzungen und Konferenzen abgehalten. An diesen Besprechungen sollten im Idealfall alle Projektmitglieder teilnehmen, möglicherweise sogar Personen außerhalb der Projektgruppe, zum Beispiel der Auftraggeber des jeweiligen Projekts.

Der Projektleiter ist zuständig für diese Konferenzen und somit für die Vorarbeit, die Moderation und das schriftliche Festhalten der wichtigsten inhaltlichen Punkte der Projektsitzung. Wie häufig eine solche Projektsitzung abgehalten wird, hängt von verschiedenen Faktoren wie der Projektdauer, der Entwicklung sowie dem Projektfortschritt ab.

Eine besondere Rolle spielt die Moderation einer Projektsitzung, denn schließlich soll das Meeting nicht chaotisch verlaufen und die

Endergebnisse sollen für alle Teilnehmer transparent und nachvollziehbar sein. Dafür ist eine gründliche Vorbereitung besonders relevant.

Der Moderator ist der Leiter dieser Gesprächsrunde und somit für die Führung zuständig. Er unterstützt die Teilnehmer dabei, selbstständig und eigenverantwortlich ihren Aufgaben nachzukommen und eigene Lösungsansätze oder Entscheidungen zu finden. Der Moderator ist gar nicht in erster Linie für die inhaltlichen Fragestellungen verantwortlich. Er soll sich in das Projektthema hineindenken können, doch er muss nicht der Inhaltsexperte sein. Durch die richtigen Fragestellungen verhilft der Moderator den Projektsitzungsteilnehmern, die richtigen Resultate zu finden und somit das Projekt erfolgreich weiterzubringen. Der Moderator der Projektsitzung ist für eine klare Struktur verantwortlich und zudem auch für die perfekte Organisation der Sitzung.

**Folgende zentrale Fragestellungen helfen ihm dabei:**

- Wann soll die Projektsitzung stattfinden?
- Wer sind die Teilnehmer der Sitzung?
- Wie lange sollte die Sitzung im Idealfall dauern?
- Welcher Raum ist für die Projektsitzung am besten geeignet?
- Wurden alle Projektteilnehmer korrekt eingeladen?
- Muss ein Protokoll erstellt werden?

# Schluss

**Liebe Leserinnen und Leser,**

erstmal vielen Dank, dass Sie das Interesse und die Zeit für diese Lektüre aufgebracht haben.

Als Führungskraft stehen Sie jeden Tag aufs Neue wieder vor Herausforderungen und Aufgaben, die Sie bewältigen müssen. Nicht nur Routineaufgaben gehören zu Ihrem Arbeitsalltag, sondern auch die Mitarbeiterführung und neue Projekte. Bei all diesen Aufgaben und Unternehmenszielen müssen Sie mit Sorgfalt, Empathie und der nötigen Effizienz vorangehen.

In diesem Ratgeber haben Sie einen großen Überblick darüber bekommen, welche Anforderungen und Aufgaben an eine Führungskraft gestellt werden. Ihnen wurde aufgezeigt, welche Führungsstile, Methoden oder Techniken es gibt, wie Sie Mitarbeiter erfolgreich motivieren, Teams leiten und wie Sie mit Konflikten und Stress umgehen können.

Ich hoffe, ich konnte Sie mit meiner Begeisterung für das Motivieren und Führen von Menschen anstecken.

Eine gute Führungskraft braucht ein stetiges Wachsen und Weiterentwickeln – dabei wünsche ich Ihnen viel Erfolg.

# Danke

Vielen Dank dafür, dass Sie mein Buch gelesen haben. Ich hoffe, dass Sie all Ihre Ziele erreichen und schnell über sich hinauswachsen. Bei Fragen und Anregungen zu meinem Buch schreiben Sie gern eine E-Mail an:

info@buecher-autor.com

Herzlichst,

Ihr Autor
Gregor Kraft

# Über den Autor

Gregor Kraft

Der Autor Gregor Kraft kennt die Fallen des Alltags und die Tricks, die Manipulateure anwenden. Er hat gelernt, Menschen zu durchschauen und psychologische Erkenntnisse erfolgreich für sich anzuwenden. Dabei möchte er nun auch Ihnen helfen und rät: „Nehmen Sie die Zügel in die Hand, bevor Sie sie an andere verlieren"!

Gregor Kraft beschäftigt sich schon seit seiner Ausbildung mit den Themen „Psychologie, Kommunikation und Manipulation" und absolvierte diverse Weiterbildungen. Heute gibt er selbst Kurse in diesen Bereichen.

Das Lebensmotto des Autors lautet „immer positiv zu bleiben".

Dennoch hinterfragt er die alltäglichen Dinge stets. „Es ist nicht immer wie es scheint" ist seine Devise, aufgrund dieser er beruflich wie privat sehr erfolgreich ist.

Er hat im Laufe seines Lebens bereits einige Hürden überwunden, wie zum Beispiel den Aufstieg in eine höhere Position. „Jeder macht mal schwierige Zeiten im Leben durch", so Gregor. Er hat es geschafft, sich von ganz unten hochzuarbeiten, wobei es nicht immer einfach für ihn war und er auch einige Misserfolge zu verkraften hatte. „Niederlagen gehören eben zum Erfolg dazu", so der humorvolle Autor.

Gregor unternimmt in seiner Freizeit am liebsten etwas mit Familie und Freunden und geht gerne laufen. Außerdem begeistert er sich für das Reisen und hat bereits die halbe Welt erkundet.

Gregor Kraft hofft, die Fachkenntnisse allen Lesern, vor allem Anfängern, mit seinem lockeren und unterhaltsamen Schreibstil leichter zu vermitteln.

# Haftungsausschluss

Der Autor übernimmt keinerlei Gewähr für die Aktualität, Korrektheit, Vollständigkeit oder Qualität der bereitgestellten Informationen und weiteren Informationen. Haftungsansprüche gegen den Autor, welche sich auf Schäden materieller oder ideeller Art beziehen, die durch die Nutzung oder Nichtnutzung der dargebotenen Informationen bzw. durch die Nutzung fehlerhafter und unvollständiger Informationen verursacht wurden, sind grundsätzlich ausgeschlossen, sofern seitens des Autors kein nachweislich vorsätzliches oder grob fahrlässiges Verschulden vorliegt. Alle Angaben wurden vom Autor mit größter Sorgfalt und nach bestem Wissen und Gewissen recherchiert oder spiegeln seine eigene Meinung wider. Der Inhalt des Buches passt möglicherweise nicht zu jedem Leser und die Umsetzung erfolgt ausdrücklich auf eigenes Risiko. Es gibt keine Garantie dafür, dass alles genau so, bei jedem Leser, zu genau den gleichen Ergebnissen führt. Der Autor und/oder Herausgeber kann für etwaige Schäden jedweder Art aus keinem Rechtsgrund eine Haftung übernehmen.

# Urheberrecht

**Impressum**

Gregor Kraft
c/o easy-shop
K. Mothes
Schloßstraße 20
06869 Coswig (Anhalt)
info@buecher-autor.com

1. Auflage 2021


Covergestaltung: Wolkenart – Marie-Katharina Becker, www.wolkenart.com

Printed in Poland
by Amazon Fulfillment
Poland Sp. z o.o., Wrocław

23202761R00077